ライブラリ データ科学 3

データ科学入門III

モデルの候補が複数あるときの意思決定

松嶋敏泰 監修
早稲田大学データ科学教育チーム 著

サイエンス社

「ライブラリ データ科学」について

本ライブラリでは，データ科学を統一的視点から体系化することで，データ科学を総合的に体系的に学べる教育プログラムを目指して構成されている．以下で述べるように，データ科学は，分野を問わずすべての方に身につけてもらいたい，データからの論理的な意思決定の考え方であると同時に具体的方法論でもある．このデータ科学の重要性を理解し，興味を持って学んでいただくことが，このライブラリの一つの目的ともいえる．

【データ科学とは何か，なぜ重要か —科学的方法としてのデータ科学—】

本ライブラリでは，データ科学とは何か，なぜ重要であるかという問いに対して，科学的方法の視点からデータ科学を考えている．科学的方法の一つの定義として「事実/証拠/データから論理的な推論により明確な決定（結論）を得る方法」がある．この論理的な推論の数理的方法論として，統計学が歴史的に担ってきた役割は大きく，近代統計学の発展に貢献したカール・ピアソン（K. Pearson）の“The Grammar of Science”等においても論じられている．

科学的方法によって結論を導くことは，科学や研究という領域に限らず，様々な状況において人間が行う意思決定としても望ましい方法と考えられる．国家の政策や経営の戦略などの大きなことから，目的地までのルート選択等の日常の小さいことまで，我々は常に意思決定を行っているといえる．これらの様々な問題に対しても，データからの科学的方法による意思決定が可能ならば，より望ましいと考えられる．

近年この科学的方法とその対象範囲に変化が生じてきている．大きな影響を与えた要因として情報・通信の理論・技術の進歩やインフラの発展があげられる．これにより科学的方法の1つ目のポイントであるデータの獲得において，数値のみならずテキスト，音声，画像等のデータの種類の多様化と，収集できる範囲と量が飛躍的に拡大された．さらに2つ目のポイントである論理的推論については，情報処理の理論・技術の進歩を背景に統計学とは異なった視点から発展してきた人工知能，機械学習，データマイニング等の理論と技術により，より多角的考え方から上記の多様で多量のデータに対して数理による論理的推論が可能になった．

これらの大きな変化により，以前と比較にならないほど広範な学問領域や様々な意思決定問題において，データを用いた数理的な科学的方法が適用可能となってきた．この飛躍的な科学的方法の発展がデータ科学と捉えられるのではないだろうか．

以上からデータ科学は「データからの科学的方法による意思決定の科学」であると捉えられ，単なる一つの学問領域，専門分野というより，広範な領域を対象とした意思決定のメタ科学であるといえよう．それは，人間の知的活動を対象とする根源的な学問分野であると共に，人間の活動や社会の変革・発展に直接的に寄与する，今後益々重要となっていく分野であるともいえる．

【メタ科学の具体的方法論としてのデータ科学 —意思決定写像による統一的記述—】

データ科学が以上のような広い領域を対象とする新しい科学的方法として直接的に寄与するためには，具体的方法論としての役割も担う必要がある．それは歴史的には統計学が科学的方法の具体的数理的方法論を提示して担ってきた役割を，さらに広い対象領域に広げた新しい方法論となるはずである．データ科学に含まれる統計学をはじめ AI，機械学習，データマイニング等のそれぞれの分野では，データからの意思決定の具体的方法論を提示しているものの，発展の経緯や利用目的等から考え方や意思決定のプロセスには違いが見られる．それらをバラバラに集めただけでは，新しいメタ科学の方法論としてはまだ不十分であるように考えられる．

本ライブラリでは，データ科学のコアとなる統計学や機械学習等の学問領域を個々別々でなく，統一的視点から一つの体系として扱うことを大きな特徴とする．統一するための視点を明確にしていくこと自体が容易ではないと考えられるが，それにチャレンジしたのが本ライブラリとお考えいただきたい．

本ライブラリの体系化の視点とはどのような視点か．データ科学の意思決定プロセスを，先にあげた科学的方法として要請される特徴であるデータ，論理的推論，決定の 3 つの要素を軸にして視点を整理していく．

より具体的には，データを集合として，決定も集合として表すことで，意思決定プロセスはデータ集合を定義域，決定集合を値域とする写像として表現される．例えば，統計学の仮説検定問題の場合，決定集合は { 帰無仮説,対立仮説 } となる．この写像で意思決定したい具体的問題が明確に記述されたことになり，この写像を本ライブラリでは意思決定写像と呼んでいる．

データ集合と決定集合が定まっても，その間をつなぐ意思決定写像はまだ様々な写像が考えられ一つには定まらない．どのような意思決定が望ましいのかの評価基準と，背景から設定される条件を明確にし，意思決定写像を絞り込んでいくことになる．例えば，評価基準として推定値と真のパラメータの 2 乗誤差損失を考えたり，設定として判別関数を線形に制限したり，データの生成や観測の数理モデルを仮定したりすることが考えられる．

このようにして，データ科学の意思決定のプロセスを，目的，設定，評価基準，（データを定義域，決定を値域とした）写像として統一的に明確に記述することができた．問題が数理的に明確になると，望ましい意思決定写像は数理的に導出され，科学的方法の論理的な推論が行われることになる．

【「ライブラリ データ科学」の統一的視点と狙い】

ここまで述べてきたことは，単に統計学や機械学習の問題や推論の考え方などを，統一したフォーマットで数理的に記述しただけと捉えられるかもしれないが，実は大きな意味を持っている．

統一したフォーマットで記述されたことにより，データ科学のコアとなる統計学，AI，機械学習，データマイニング等の学問領域それぞれの考え方やプロセスの違いが意思決定写像等の違いとして鮮明になると共に，それらに共通に流れる科学的方法としてのデータ科学の本質的考え方が浮かび上がってくることにもなる．

このアプローチがデータ科学の統一的体系化への一つの試みともなっていることも付け加えておきたい．

もう一つの意義は，データからの科学的方法による意思決定の具体的方法論の提示としてである．この統一的フォーマットに従い，問題と目的を整理して，データ集合，決定集合，評価基準や設定を明確化し，そのもとで適切な意思決定写像を構成していく手順そのものが，データからの科学的方法による意思決定のプロセスの具体的な一つの方法論を表していることでもある．

ライブラリ データ科学は，以上のように統一的視点からデータ科学を体系化し具体的方法論も提示しようとする狙いで構成され，他の参考書や教科書とは異なる特徴を有している．このライブラリがデータ科学の今後の発展やデータ科学を学ぼうとする方々の一助となれば幸いである．

松嶋敏泰

本書のはじめに

前著「データ科学入門 II」で取り上げた回帰の意思決定問題では，設定において特徴記述するための関数や生成観測メカニズムを表す確率モデルとして，線形回帰式を仮定したもとで，回帰係数パラメータは未知としてその推定や新たな目的変数の予測などの意思決定を扱った．本書「データ科学入門 III」では，記述関数や確率モデル自体も未知である設定における，回帰と分類の問題に関する意思決定を取り扱う．データ科学入門 I と II において主観的に設定していた関数やモデルを，客観的なデータからの論理的推論の対象，つまりデータ科学の意思決定の対象として扱うことが本書の主題となる．モデルも未知とする意思決定の問題はパラメータだけが未知の問題に比べ，科学的方法としてのデータ科学が担う，より上位で重要な意思決定を扱っていることになる．この問題に対するアプローチも分野や立場ごとに様々あり，それぞれ別々に扱われ解説されることが多いが，本書でも「ライブラリ データ科学」の基本理念に従い，別々の分野や立場の違う様々な方法を，意思決定写像を用いた統一的視点から整理し対比しながら解説することを試みている．

【第 1 章】では，本書で扱うモデル未知のもとでのデータからの意思決定問題の全体像を，統一した視点から俯瞰(ふかん)している．

まず，モデル集合は設定するがモデル自体は未知の場合におけるデータからの意思決定の困難性について例を用い説明する．この問題に対する本書で扱う代表的解決法を，

1　生成観測メカニズムの確率構造上で何を確率変数と設定するか

2　意思決定の目的と設定は何か

の 2 つの大きな視点から整理して解説している．

また，これまで取り扱ってきた回帰モデルは線形関数で表現されていた．この関数の表現能力を拡張するための関数構成法を

1　説明変数の関数である基底を線形結合した関数

2　線形回帰関数と活性化関数の合成関数

の 2 つの視点から説明している．

この章を道標に各章を自由に渡り歩き必要な箇所を重点的に読むことも可能であろう．また，最初はこの章を飛ばして次の章から読み進め，最後にこの章に戻って全体像を把握することにも利用できよう．

【第 2 章】では，特徴記述の問題で，特徴を記述する関数の集合は設定されているが，その中のどの関数を用いるかをデータから意思決定する問題として取り扱う．

単回帰の 1 次関数を多項式に拡張した多項式回帰では，回帰係数だけでなく，何次の多項式を用いるかも決定対象とする．重回帰では説明変数の中でどの変数を重回帰式に取り込むかも決定対象とする．データの特徴記述として代表的手法である最小 2 乗法を用いると，それぞれ最高次の多項式とすべての説明変数を用いた場合が最適になり，なるべく簡素な関数でデータを記述したいという特徴記述の基本的なもう一つの目的とは合致しない．特徴記述関数がデータの特徴をよく記述することと簡素なことはトレードオフの関係にあり，それをどう調整するかを説明していく．上記以外の特徴記述関数として，説明変数の関数である基底を線形結合した回帰式，ロジスティック回帰式，決定木についても同様な問題が生じることも説明する．

【第 3 章】では，生成観測メカニズムとして確率モデルの集合が設定されたもとで，モデルが未知の設定での構造推定と予測の問題を取り扱う．

構造推定では，パラメータの推定より，モデル選択と呼ばれるモデルの決定を主に考えることとし，3 つの設定と評価基準から説明を行っている．具体的には，モデル決定を 0-1 損失の危険関数（決定誤り確率）を漸近的に 0 にする評価基準（一致性）とすると BIC 等の情報量規準によるモデル選択法，パラメータを確率変数と設定してそれを周辺化した確率分布に関する尤度を評価基準とするとモデルの最尤推定法，モデルも確率変数と設定して 0-1 損失のベイズ危険関数を評価基準とするとモデルの事後確率最大化法の 3 つが導かれることを説明する．情報量規準は，データへの適合性を表す最大対数尤度とモデルの複雑性を表すパラメータ数を総合したモデル選択のための規準で，様々な拡張形式も含めモデル決定問題で多用されている．

予測問題の間接予測では，構造推定で何らかの評価基準でモデル選択したモデルを用いて，新しい説明変数に対する目的変数の予測を行うことになる．選択したモデルを用いて間接予測した場合の予測精度を評価基準とすると，代表的情報量規準である AIC が導かれることを解説する．

また，直接的予測では，モデルを確率変数と設定して，予測のベイズ危険関数を評価基準とすると，モデルの事後確率で各モデルの予測分布を重み付ける予測法が最適となる．直接予測では，モデルの選択は行わないことが示され，間接予測とは全く違う方法が最適となることを解説する．

正則化法は縮小パラメータ推定法の一種で，データと推定量の 2 乗誤差のような適合性と推定量の大きさを測る ℓ_p-ノルムを加えた評価基準によりパラメータを推定する．正則化はパラメータ推定の精度や安定性から導かれた方法であるが，モデル選択とも密接な関係がある．ℓ_2-ノルムを用いたものは ridge 回帰，ℓ_1-ノルムを用いたものが lasso 回帰と呼ばれ，特に ℓ_1-ノルムを用いた場合は回帰係数パラメータ推定量が 0 を取りやすくなり，結果として変数選択のモデル決定を行っていると見なせることも説明する．

【第 4 章】では，機械学習の同質性を仮定した予測において，予測関数の集合は設定されているもとで，その中のどの予測関数を用いて間接予測を行うかについてもデータから意思決定する問題を扱う．

新しい説明変数に対する目的変数の予測問題において，生成観測メカニズムを仮定した場合は，構造推定のいくつかの評価基準から理論的に間接予測で用いるモデルを決定できた．しかし，それを仮定しない本章の問題では，基本的にはデータの特徴記述関数を流用し予測関数として間接予測を行うこととなる．データをよく記述する評価基準からのみ関数を選択すると，表現能力の高い複雑な関数が選択され，それは予測においては必ずしも良い性能を表さないことは第 3 章からも明らかであり，このようなデータのみに適合した関数を選択してしまう状況を機械学習では過学習などと呼んでいる．それについて，決定木やロジスティック回帰を例に確認していく．

第 2 章で述べた特徴記述だけでは問題が解決されないため，第 3 章で述べた生成観測メカニズムを仮定して導出された様々な手法のアナロジーから，AIC 等の情報量規準や ℓ_p-ノルム正則化法やその拡張法を用いて機械学習でも間接予測が行われることが多い．

また，別の方法としては，得られるデータが同質である仮定から，素朴なやり方として，現在観測されているデータを，パラメータを推定するためのデータ（訓練データ）と予測の精度を検証するデータ（試験データ）の2つに分け予測性能を評価することが考えられる．これはクロスバリデーションと呼ばれる方法で，このようなモデル決定に限らず，予測を目的とした各種パラメータの決定などにも用いられることを説明する．

【第5章】では，ニューラルネットワークについて，線形関数を拡張した表現能力の高い関数の構成法の視点から説明を行っている．

回帰分類問題において，特徴記述関数や予測関数として用いられる関数を，データに対する説明能力の高い関数として線形関数を基盤に拡張する方法は，データ科学入門IIや本書の第2章などで述べるように大きく次の2つの方法がある．

1　説明変数の関数である基底に重み付け係数を掛け加算する方法

2　線形関数をさらに非線形関数で変換する方法

この**2**の例としてはロジスティック回帰や一般化線形モデルなどがあり，この変換に用いる非線形関数は活性化関数とも呼ばれている．ニューラルネットワークは，この2つの拡張法を組み合わせた方法であり，**1**の基底の線形関数を**2**の活性化関数で変換したものを一層として，その層の出力を次の層の基底として入れ子状に多層に積み重ねた関数で，特に多層のものをディープニューラルネットワークと呼んでいる．

活性化関数として利用されるシグモイド関数やReLU関数などの代表的関数とその性質について説明を行い，分類問題での出力層の関数についても触れている．

【付録A】では，関数の表現法としてのニューラルネットワークの能力の広さと柔軟性を生かした，回帰・分類問題以外への応用について解説する．オートエンコーダと呼ばれる入力情報を中間層で低次元に圧縮し，また出力層でもとの情報に復元するニューラルネットワークがある．この前半の圧縮部（エンコーダ）はパターン認識の特徴抽出に用いられ，後半の復元部（デコーダ）は新たな人工的な情報を生成することに用いることもでき，生成AIなどと呼ばれる用途に利用されている．

【付録 B】では，学習データからニューラネットワークのパラメータを学習する具体的方法について解説する．パラメータである各層の線形結合の重み付け係数は，線形回帰分析のように解析的に求めることはできず，バックプロパゲーションと呼ばれる方法で推定される．この方法では，層ごとに勾配最適化法を用いて重み係数を計算し，その結果を出力層側から入力層側に逆方法に伝搬させ全体のパラメータを求めている．

2024 年 3 月　　早稲田大学データ科学教育チーム

目　次

本書で用いる記号一覧

記号	意味
$\mathcal{X}$（花文字）	集合
$\boldsymbol{x}$（太字小文字）	ベクトル
$\boldsymbol{X}$（太字大文字）	行列
$\boldsymbol{x}^\top$, $\boldsymbol{X}^\top$	ベクトル $\boldsymbol{x}$ や行列 $\boldsymbol{X}$ の転置
$\boldsymbol{X}^{-1}$	行列 $\boldsymbol{X}$ の逆行列
$\det(\boldsymbol{X})$	行列 $\boldsymbol{X}$ の行列式
$\boldsymbol{x}_{i\cdot}$	行列 $\boldsymbol{X}$ の第 i 行ベクトル
$\boldsymbol{x}_{\cdot j}$	行列 $\boldsymbol{X}$ の第 j 列ベクトル
$\underset{\sim}{x}$（下付き波線）	確率変数
$\int f(x)\mathrm{d}x$	関数 $f(x)$ の積分
$\sum_{i=1}^n x_i$	総和．$x_1 + x_2 + \cdots + x_n$
$\prod_{i=1}^n x_i$	総積．$x_1 x_2 \cdots x_n$
$\max_{x\in\mathcal{X}} f(x)$	関数 $f(x)$ の最大値
$\max\{x_1, x_2, \ldots x_n\}$	$x_1, x_2, \ldots x_n$ の最大値
$\min_{x\in\mathcal{X}} f(x)$	関数 $f(x)$ の最小値
$\min\{x_1, x_2, \ldots x_n\}$	$x_1, x_2, \ldots x_n$ の最小値
$\arg\max_{x\in\mathcal{X}} f(x)$	関数 $f(x)$ を最大にするような x
$\arg\min_{x\in\mathcal{X}} f(x)$	関数 $f(x)$ を最小にするような x
$\widehat{x}$（ハット記号）	x の推定量
$\exp(\cdot)$	指数関数．すなわち，$\exp(x) = e^x$
$\log(\cdot)$	対数関数
$\mathrm{E}[\underset{\sim}{x}]$	確率変数 $\underset{\sim}{x}$ の期待値
$\mathrm{V}[\underset{\sim}{x}]$	確率変数 $\underset{\sim}{x}$ の分散
$\mathcal{N}(\mu, \sigma^2)$	平均 μ，分散 σ^2 の正規分布
$L(\cdot)$	尤度関数
$l(\cdot)$	対数尤度関数
$d(\cdot)$	意思決定写像
$\ell(\cdot)$	損失関数
$R(\cdot)$	危険関数
$BR(\cdot)$	ベイズ危険関数
$\frac{\mathrm{d}f}{\mathrm{d}x}, \frac{\mathrm{d}^2 f}{\mathrm{d}x^2}, \ldots$	関数 $f(x)$ の微分，2 階微分など
$\frac{\partial f}{\partial x_i}, \frac{\partial^2 f}{\partial x_i \partial x_j}, \ldots$	多変数関数 $f(\boldsymbol{x})$ の x_i による偏微分，x_i, x_j による偏微分など

第 1 章
モデルが未知の設定のデータからの意思決定の概要

この章では，上記の本書の主題を本シリーズの統一的視点から俯瞰(ふかん)して整理し，それに対応した内容がどの章や節で述べられているかを以下でまとめている．例えば，[2, 3.2] は第 2 章と第 3 章 2 節にその内容が説明されていることを表している．

もちろん基本的には章の順番に読み進めていただければ理解しやすいよう構成されているが，この章を道標に，必要とする考え方や分析法が書かれた章や節を渡り歩いて読んでいただくことも可能であろう．また，最初はこの章を読み飛ばして次の章から読み進め，最後にこの章に戻って全体像を把握することにも利用できよう．この説明で使われる用語や概念はデータ科学入門 I と II で用いられていたものであるので，必要に応じてそちらも参照されたい．

1.1 モデルの定義と本書で扱う意思決定

本書では，本シリーズのデータ科学入門 II と同様に説明変数 x から目的変数 y を説明する回帰や分類の問題を題材として，両者の関係を記述する関数やモデルをどのように決定するかについて取り扱う．データ科学入門 II では，回帰の場合，$\beta_0 + \beta_1 x$ の線形回帰式のような x と y の関係を線形の関数を用いていた．これらの関数はその他の関数，例えばサイン関数 $\sin(x)$ や多項式関数 $\beta_0 + \beta_1 x + \beta_2 x^2$ を用いることも考えられる．

このように様々関数が考えられるのであるが，データ科学入門 II で取り上げた意思決定問題では，特徴を記述するための関数の型や，生成観測メカニズムを表す確率モデルや分布の型は，設定として与えられたもとで係数やパラメータは未知として意思決定を行っていた．それでは，この設定で仮定した関数型や確率モデルの型はどのように決めればいいのであろうか．もちろん，専門知識や固有技術から y は x の 2 次関数で表せるなど仮定できる場合や，意思決定の目的として簡単な線形関数で特徴記述や構造推定がしたいということで設定される場合があろう．本書では，この特徴記述関数や確率モデルの型を設定としてしまうのでなく，これらが未知であるもとでのデータからの意思決定を扱うことになる．

この本書での意思決定の対象を正確に述べるために，まず用語の整理をしておく．例えば特徴記述で $y = \beta_0 + \beta_1 x$ を考えた場合，もちろんこの式の右辺全体を関数[†1]と呼ぶのであるが，関数の型として x の線形関数であることと，その回帰係数 β_0, β_1 を区別して本書では考えていく．同様に生成観測メカニズムとして正規誤差線形回帰 $\underset{\sim}{y} = \beta_0 + \beta_1 x + \underset{\sim}{\varepsilon}$ を考えた場合も，この式全体を生成観測の確率モデルとしていたが，モデルとして x の線形関数と正規分布に従う誤差確率変数 $\underset{\sim}{\varepsilon}$ が加算されたモデルの型とその回帰係数パラメータ $\boldsymbol{\beta} = [\beta_0, \beta_1]^\top$ を区別して考える．本書では前者をモデル m，後者をパラメータ $\boldsymbol{\beta}_m$ と呼ぶこととする．

この用語を用いると，本書の目的は，パラメータ $\boldsymbol{\beta}_m$ のみではなくモデル m も未知の仮定のもとでの意思決定を扱っていくことになる．ただし，一般的にモデルが完全に未知とすることは困難なので，モデルが含まれる集合 $\mathcal{M}$ は設定として仮定される場合を扱っていく．

例えば**図 1.1** のように特徴記述や生成観測モデルを仮定した構造推定の問題では，関数やモデルの集合 $\mathcal{M}$ を設定として仮定したもとで，ある評価基準のもと，データから関数やモデルを出力する意思決定写像を構成していくことになる．この意思決定はモデル選択とも呼ばれる．

つまり主観的に設定として決めていたモデルを，データ科学の意思決定の対象にし，客観的にデータからの論理的な推論プロセスの中で扱うことを考える．これは本シリーズのデータ科学入門 I や II で扱った問題よりデータ科学において上位の問題であり，科学的方法としてのデータ科学が担う，より重要

[†1] 機械学習ではこの関数をモデルと呼ぶことも多い．

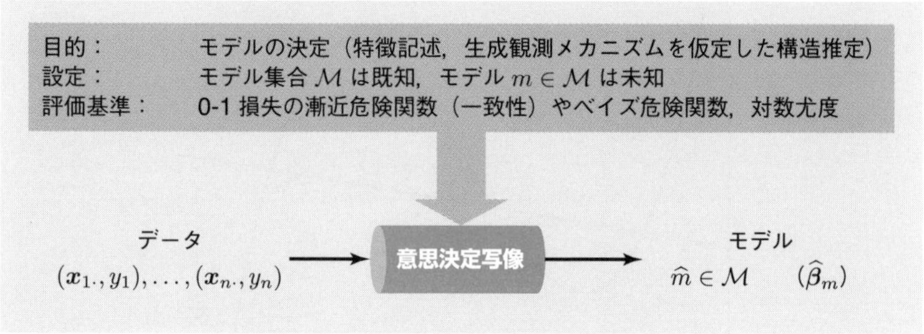

図 1.1　モデルを決定する意思決定写像

な意思決定を扱っていることになる．

また，モデルも未知とする意思決定の問題は，パラメータだけが未知の問題に比べ，より複雑で難しい問題となっている．まず，その難しさについて，特徴記述，生成観測メカニズムを仮定した構造推定，同質性を仮定した間接予測の問題における具体例を通して見ていこう．

1.2　モデルが未知の設定における意思決定の問題点

1.2.1　特徴記述における問題点 [2]

回帰問題におけるデータの特徴記述の最小 2 乗法を考えてみよう．データ科学入門 II では，回帰の特徴記述関数として線形関数を設定したもとで，データと回帰式の 2 乗誤差の最小化を評価基準として回帰係数を求め特徴記述関数を特定した．それでは特徴記述関数のクラスを拡張して，設定として 3 次までの多項式関数のモデル（特徴記述関数）集合 $\mathcal{M} = \{\beta_0,\ \beta_0 + \beta_1 x,\ \beta_0 + \beta_1 x + \beta_2 x^2,\ \beta_0 + \beta_1 x + \beta_2 x^2 + \beta_3 x^3\}$ を仮定して，データとの 2 乗誤差を最小化する多項式のモデル（特徴記述関数）を求める意思決定を考えよう．

3 次の多項式モデルは 2 次の多項式モデルも表現することが可能であり，一般的に集合内のあるモデルが他のモデルを含むとき階層的モデル集合と呼ばれる．この場合，**図 1.2** のグラフから視覚的にも明らかなように 1 次の多項式に比べ，2 次 3 次と次数の高い多項式モデルのほうがより 2 乗誤差は小さくなる．

これが階層的モデル集合を設定したモデル選択の難しさで，より高次の表現能力が高いモデルを用いれば評価基準をより小さくすることが可能で，その集

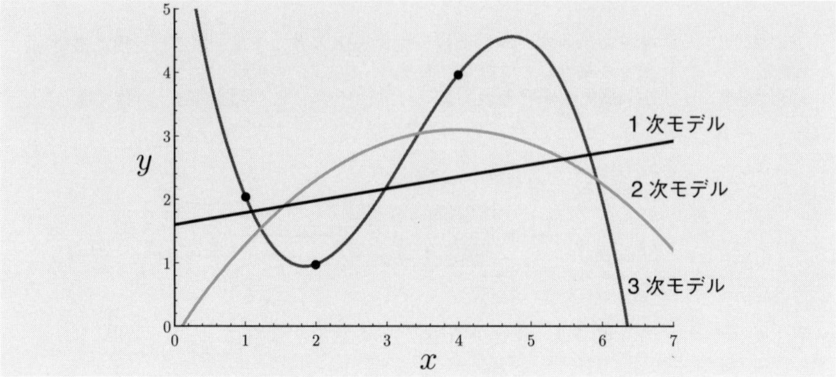

図 1.2　多項式回帰の次数と 2 乗誤差

合の最も高次のモデルさえ使えばいいことになってしまう．

さらにこのようにデータが 4 点の場合，3 次以上の多項式を選べば 2 乗誤差を 0 とすることができる．一般に n 点のデータには n 個のパラメータで表記される $n-1$ 次の多項式を用いれば誤差は 0 にできる．はたしてこれは望まれる結果であろうか．特徴記述においてうまくデータの特徴を記述していることを数理的評価基準，例えばデータと特徴記述関数の値との 2 乗距離で評価したわけであるが，特徴記述のより上位の目的としてデータの特徴を要約して説明したいことがあった．その意味では，この図の例の 4 つのデータを 4 つの係数で表したのでは，数的には全く要約していないことになってしまう．

1.2.2　生成観測メカニズムを仮定した構造推定における問題点 [3]

生成観測メカニズムを仮定した構造推定問題においても，特徴記述で仮定した多項式関数に正規誤差確率変数 $\underset{\sim}{\varepsilon}$ を加算した確率モデルの集合を設定すると，特徴記述の場合と同様の問題が起こってくる．各多項式回帰モデルに関して尤度最大のような評価基準を用いてモデルを決定すると，それは特徴記述の最小 2 乗法と同様になるので，明らかに次数の高い多項式モデルが選ばれることになる．

これも本来の生成観測メカニズムを仮定した構造推定問題における望ましい結果といえるだろうか．物事の関連性や原因から結果が生じるメカニズムを明らかにしたいことが大きな目的であるのに，階層的モデル集合の場合，最も複雑なモデルがいつでもメカニズムを表す良いモデルとなってしまう．

1.2.3 同質性を仮定した間接予測における問題点 [4]

機械学習における，教師あり学習と呼ばれている問題は，回帰と分類の予測問題を指しているが，多くの手法は新たなデータの数理的生成観測メカニズムを陽に仮定せず提案されているため，予測の良さを直接的に評価する理論的考察が本来困難である．データ科学入門 II では，機械学習では定性的に新たなデータが観測データと同様な背景で得られる同質性の仮定をしていると解釈し，データの特徴記述と同様にデータ自体をうまく説明する評価基準を使ってパラメータを推定し，その関数を使って間接的予測を行っていた．

本書で考える同質性を仮定した間接予測の問題は，1 つ前に説明した生成観測メカニズムとして確率モデル集合を仮定したもとでモデルは未知とする問題設定とは正確には設定が異なっていて，特徴記述の問題設定にむしろ近い．つまり，予測を行うための予測関数の集合は設定されているが，集合内のどの予測関数を間接予測に用いるかを学習データから決定する問題となる．機械学習ではこの予測関数を仮説とかモデルと呼ぶこともあり，本書でも混乱のない範囲で，特徴記述関数集合をモデル集合と呼んだように，この予測関数集合もモデル集合と呼んでいく．

本書で考えるモデル集合からモデルを選択し，それを用いて間接予測を行う問題設定では，学習データのみにフィットしたモデルを選んだ場合，新たなデータに対する予測性能は必ずしも良くならない．このような状況を機械学習では過学習（過適合）と呼んでいる．例えば，簡単な例では決定木による分類の場合，深い木で表現された複雑な決定木関数を用いれば，学習データに対して誤り率が最小となる決定木を作ることはできる．しかしこの決定木で新たなデータの予測をしても良い性能は期待できない．

1.3 問題点を克服するための視点

モデル集合，特に階層的モデル集合を設定したもとで，様々な意思決定において，難しい問題が存在している．その難しさは，モデルがデータ自体をよく表していることと，モデルが簡素であることが，相反するトレードオフの関係にあることが一つの要因のように思われる．シンプルな視点からの解決法として，両方の評価基準をもとに，それらを総合した評価基準からモデルを決定するという考え方もできるが，それぞれの評価基準は何にすればいいのか，どのように総合すればいいのか，選択肢は多岐にわたりそうである．もちろん，それ以外の解決法も様々な視点から考えることができるであろう．

この，モデル集合は設定するがモデル自体は未知である仮定での問題を，「ライブラリデータ科学」の統一的視点から，いくつかの代表的解決法を整理して提示してみよう．この問題の解決法を俯瞰するため，まず以下の 2 つの大きな視点から整理してみる．

1　生成観測メカニズムの確率構造上で何を確率変数と設定するか

2　意思決定の目的と設定は何か

理論的な議論のためには，データの生成観測メカニズムとして確率構造を仮定することが有効であり，ここでもそれを仮定して議論を進める．また，以下の説明では，簡単のため重回帰の問題を題材に考えていく．ただし，この考え方は，分類問題やより一般的なモデルにおいても，適切な条件のもとで適用が可能である．

重回帰の確率モデルは，p 次の説明変数ベクトルを $\boldsymbol{x} = [1, x_1, x_2, \cdots, x_p]^\top$ とし，対応する回帰係数ベクトルを $\boldsymbol{\beta} = [\beta_0, \beta_2, \cdots, \beta_p]^\top$ とし，正規誤差確率変数を $\underset{\sim}{\varepsilon}$ で表すと，以下の回帰式で表される．

$$\underset{\sim}{y} = \boldsymbol{\beta}^\top \boldsymbol{x} + \underset{\sim}{\varepsilon} \tag{1.1}$$

観測されたデータは n 対の $(y_i, \boldsymbol{x}_i)$，$i = 1, \cdots, n$ であり，このデータセットの目的変数の部分をベクトル $\boldsymbol{y} = (y_1, y_2, \cdots, y_n)^\top$ として表し，説明変数の部分を行列 $\boldsymbol{X}$ として以下で表すとする．

$$\boldsymbol{X} = \begin{bmatrix} \boldsymbol{x}_1^\top \\ \vdots \\ \boldsymbol{x}_n^\top \end{bmatrix}$$

重回帰における代表的なモデル未知の問題は，観測データで得られている p 種の説明変数の中で何を重要な説明変数として重回帰式に取り入れるかという問題である．この問題ではモデル集合 $\mathcal{M}$ として次のような階層的なモデルの集合を考えることができる．まず何も説明変数を用いない β_0 だけのモデル，

次に p 種の説明変数から 1 種類だけ変数を用いる単回帰のモデルは $\binom{p}{1}$ パターン考えられ，2 種類だけ変数を用いるモデルは $\binom{p}{2}$ パターン考えられ，組み合わせる変数の種類数を増やすことで階層的に表現能力の高いモデルを考えていくことができる．最も表現能力の高いモデルは p 種すべての変数を用いた重回帰モデルとなる．それぞれの重回帰モデル m ごとに回帰係数パラメータベクトルも異なるので $\boldsymbol{\beta}_m$ と表記することにする．

それでは，この重回帰を題材に，問題点解決法の視点となる **1** と **2** をより具体的に説明することから始めよう．

1 生成観測メカニズムの確率構造上で何を確率変数と設定するか　誤差 $\underset{\sim}{\varepsilon}$ を確率変数とおくことで観測データを確率変数として扱うことはもちろんであるが，パラメータを確率変数 $\underset{\sim}{\boldsymbol{\beta}}_m$ として扱う設定も考え，さらに本書では，パラメータ $\underset{\sim}{\boldsymbol{\beta}}_m$ に加えモデル自体も確率変数 $\underset{\sim}{m}$ として扱う立場も導入していく．

2 意思決定の目的と設定は何か　意思決定の目的と設定ごとに，評価基準は異なってくることが当然考えられるので，構造推定，予測に大別し，構造推定もパラメータに対する決定とモデルに対する決定，予測も間接予測と直接的予測に区別して考えていく．

表 1.1 では，本書で扱う問題の解決法を，この 2 つの視点の組合せと，それぞれで用いている評価基準によりまとめている．

表 1.1　モデル未知の決定問題についての 2 つの視点からの整理

目的 ＼ 確率変数		誤差 $(\underset{\sim}{\varepsilon}, \boldsymbol{\beta}_m, m)$	誤差，パラメータ $(\underset{\sim}{\varepsilon}, \underset{\sim}{\boldsymbol{\beta}}_m, m)$	誤差，パラメータ，モデル $(\underset{\sim}{\varepsilon}, \underset{\sim}{\boldsymbol{\beta}}_m, \underset{\sim}{m})$
構造推定	モデル決定	①	②	③
	パラメータ決定	⑥	⑦	
予測	間接予測	④		
	直接予測			⑤

この表の各欄の番号に対応する，本書で扱っている推定量と評価基準を以下にまとめる．代表的な名称がついた手法がある場合それも記している．それぞれの内容については次の節から順番に説明していく．

①　モデルの一致推定量，BIC，HQC

（目的：モデルの構造推定，設定：$(\underset{\sim}{\varepsilon}, \boldsymbol{\beta}_m, m)$，評価基準：モデル決定の

0-1 損失漸近危険関数）[3.3.1]

② モデルの最尤推定量
（目的：モデルの構造推定，設定：$(\underset{\sim}{\varepsilon}, \underset{\sim}{\boldsymbol{\beta}}_m, m)$，評価基準：パラメータを周辺化したモデルの尤度）[3.3.2]

③ ベイズ決定理論による最適モデル選択，モデルの事後確率最大推定量
（目的：モデルの構造推定，設定：$(\underset{\sim}{\varepsilon}, \underset{\sim}{\boldsymbol{\beta}}_m, \underset{\sim}{m})$，評価基準：モデル決定の 0-1 損失ベイズ危険関数）[3.3.2]

④ 間接予測に用いる予測分布を評価したモデル選択，AIC
（目的：間接予測，設定：$(\underset{\sim}{\varepsilon}, \boldsymbol{\beta}_m, m)$，評価基準：真の分布と予測分布の KL 情報量の漸近不偏性）[3.4]

⑤ ベイズ決定理論による最適直接予測
（目的：直接予測，設定：$(\underset{\sim}{\varepsilon}, \underset{\sim}{\boldsymbol{\beta}}_m, \underset{\sim}{m})$，評価基準：予測損失のベイズ危険関数）[3.5]

⑥ パラメータの縮約推定量，正則化，lasso 回帰，ridge 回帰
（目的：パラメータの構造推定，設定：$(\underset{\sim}{\varepsilon}, \boldsymbol{\beta}_m, m)$，評価基準：パラメータ決定の安定性，推定量の偏りと分散）[3.6.1]

⑦ ベイズ決定理論による 0-1 損失パラメータ推定，lasso 回帰，ridge 回帰
（目的：パラメータの構造推定，設定：$(\underset{\sim}{\varepsilon}, \underset{\sim}{\boldsymbol{\beta}}_m, m)$，評価基準：パラメータ決定の 0-1 損失ベイズ危険関数）[3.6.2]

1.4　生成観測メカニズムを仮定したモデルの構造推定 [3.3]

データの生成観測メカニズムを仮定したもとでの構造推定として，モデルの決定問題を考える．この問題は，データ科学入門 I と II で扱ったパラメータの推定問題と違い，モデルを決定するモデル選択問題となる．特に，これから具体例として扱うモデル選択問題は，先に述べた重回帰において p 種の説明変数の中から重回帰式に取り入れる説明変数を選択する決定問題で，変数選択問題とも呼ばれている．

このモデルの決定問題における問題設定で，パラメトリックな確率モデルの各変数の何を確率変数として扱うかで大きな違いがある．以下では，誤差を表現している誤差変数だけを確率変数 $\underset{\sim}{\varepsilon}$ とする ①，パラメータを確率変数 $\underset{\sim}{\boldsymbol{\beta}}_m$

とする ②，パラメータに加えモデルも確率変数 $\underset{\sim}{m}$ とする ③ の順番で説明していく．

1.4.1 モデルの一致推定：BIC，HQC[3.3.1]

（① 目的：モデルの構造推定，設定：$(\underset{\sim}{\varepsilon}, \beta_m, m)$，評価基準：モデル決定の 0-1 損失漸近危険関数）

データ科学入門 I と II では，モデルを固定し誤差のみを確率変数 $\underset{\sim}{\varepsilon}$ と設定したもとで，パラメータを推定する意思決定を扱った．その決定において，危険関数や不偏性や一致性など様々な評価基準を用いていた．本書の設定である確率モデル集合 $\mathcal{M}$ を仮定したもとで，モデル m を決定する問題でも，全く同じ評価基準で考えることができる．

まず．0-1 損失関数から考えよう．つまり真のモデルと決定したモデルが一致したとき損失が 0，一致しなかったとき 1 となり，危険関数は誤り率になる．これは，真のモデルを選択したいという構造推定の目的に相応しい評価基準と考えられる．

この決定でパラメータの推定は主目的ではないので，汎用的な最尤推定量 $\widehat{\boldsymbol{\beta}}_{m,\mathrm{ML}}$ を用いるとし，漸近的にこの危険関数を 0 とする評価基準，つまり一致性を考えると，ある $C(n)$ のもと以下の式を最小にするモデルを選択することになる．

$$-\log p(\boldsymbol{y}|\boldsymbol{X}, m, \widehat{\boldsymbol{\beta}}_{m,\mathrm{ML}}) + C(n) \tag{1.2}$$

データ数を n, 回帰係数ベクトル $\widehat{\boldsymbol{\beta}}_m$ の 0 でない係数パラメータの数を $\|\widehat{\boldsymbol{\beta}}_m\|_0$ として，$C(n) = \frac{1}{2}\|\widehat{\boldsymbol{\beta}}_m\|_0 \log n$ とする場合は BIC（Bayesian Information Criterion），$C(n) = \|\widehat{\boldsymbol{\beta}}_m\|_0 \ln\ln n$ とする場合は HQC（Hannan-Quinn Information Criterion）と呼ばれている．BIC を用いたモデル選択は一致性を満たし，HQC を用いたモデル選択はさらに強い性質である強一致性を満たす†2．

式 (1.2) では，第 1 項は対数尤度でモデルのデータへの適合を表し，第 2 項はモデル m のパラメータ数をデータ数 n で調整した値となっており，ある意

†2より正確には，真のモデルに確率収束（一致性）するための必要十分条件は $\lim_{n\to\infty} C(n) = \infty$ かつ $\lim_{n\to\infty} \frac{C(n)}{n} = 0$ で，さらに強い概収束（強一致性）するための必要十分条件は $\liminf_{n\to\infty} \frac{C(n)}{\ln\ln n} > 1$ かつ $\lim_{n\to\infty} \frac{C(n)}{n} = 0$ である．

味でデータ数を加味したモデルの複雑さを表しているといえる．つまり，前節でも述べた，2つのトレードオフ関係にあるの評価値を加算した総合値で，モデル選択の評価基準としていることになる．このような形の評価基準は情報量規準と呼ばれ，様々な目的や設定や評価基準から多様な情報量規準が提案されている．

1.4.2 モデルの最尤推定 [3.3.2]

（② 目的：モデルの構造推定，設定：$(\underset{\sim}{\varepsilon}, \underset{\sim}{\beta}_m, m)$，評価基準：パラメータを周辺化したモデルの尤度）

ここでは，誤差を確率変数 $\underset{\sim}{\varepsilon}$ とし，回帰係数パラメータも確率変数 $\underset{\sim}{\boldsymbol{\beta}}_m$ とし，パラメータの事前分布を $p(\boldsymbol{\beta}_m|m)$ と設定する．パラメータ $\underset{\sim}{\boldsymbol{\beta}}_m$ の推定がこの問題の主題ではなく，モデル m の決定が主目的なので，パラメータの事前分布 $p(\boldsymbol{\beta}_m|m)$ により期待値をとり，パラメータを周辺化して消去して，モデル m のもとで，データが発生観測される確率分布を以下の式のように考えることができる．

$$p(\boldsymbol{y}|\boldsymbol{X}, m) = \int p(\boldsymbol{y}|\boldsymbol{X}, \boldsymbol{\beta}_m, m)p(\boldsymbol{\beta}_m|m)\mathrm{d}\boldsymbol{\beta}_m \tag{1.3}$$

この式を用いれば，モデル m の尤度を考えることができ，このモデルの尤度を最大化するモデルを選択する決定を考えることができる[†3]．データ科学入門 II で述べたように，パラメータの共役の事前分布を用いることで，この積分は解析的に解ける．ただし，一般的には解析的には解けないので，MCMC 法のような方法の利用が考えられよう．その他の方法としては，このモデル尤度を近似値で代用する方法も考えられ，先にあげた BIC はこの近似法の一つとも考えられる．パラメータの最尤推定量を代入した確率分布の対数尤度である，式 (1.2) の第1項をベースに漸近展開と正規分布近似を用いてモデルの尤度を近似することで，BIC が導出される．

[†3] 機械学習では，モデルの尤度をエビデンス（model evidence）と呼んだり，モデル尤度の比をベイズ因子（Bayes factor）と呼ぶこともある．ベイズという呼称はどの変数を確率変数と考えているのかに注意する必要があり，ここではパラメータだけを確率変数と仮定している．この後で述べるベイズ決定理論からのモデル選択では，決定対象のモデル自身を確率変数と考え，ベイズ危険関数から考察を行っており，こちらのほうが本来ベイズ決定と呼ばれる方法と考えられる．

1.4.3　ベイズ決定理論による最適モデル選択：モデルの事後確率最大推定量[3.3.2]

（③ 目的：モデルの構造推定，設定：$(\underset{\sim}{\varepsilon}, \underset{\sim}{\boldsymbol{\beta}}_m, \underset{\sim}{m})$，評価基準：モデル決定の 0-1 損失ベイズ危険関数）

ここでは，誤差を確率変数 $\underset{\sim}{\varepsilon}$，回帰係数パラメータも確率変数 $\underset{\sim}{\boldsymbol{\beta}}_m$ とした上で，決定の対象となるモデル自体も確率変数 $\underset{\sim}{m}$ と設定する．この設定により，ベイズ決定理論からの考察が可能となり，ベイズ危険関数を最小化するベイズ最適解により，モデルの決定が可能となる．より具体的には，損失として上の一致性のところで仮定したモデル決定に関する 0-1 損失を仮定し，そのベイズ危険関数を最小化する決定を求めると，以下の式を最大化するモデルを選択することになる．

$$p(m|\boldsymbol{y}, \boldsymbol{X}) \tag{1.4}$$

これは，モデルの事後確率を最大化するモデルを選択することで，この事後確率は，モデル $\underset{\sim}{m}$ の事前確率 $p(m)$ と仮定し，式 (1.3) の分布と結合して，ベイズの定理から求められる．このモデルの事前分布を一様分布と仮定すると，モデル尤度でのモデル選択とこの事後確率最大のモデル選択が同等であることは明らかであろう．

1.5　モデル未知の設定における予測のための意思決定

1.5.1　間接予測に用いる予測分布を評価したモデル選択：AIC[3.4]

（④ 目的：間接予測，設定：$(\underset{\sim}{\varepsilon}, \beta_m, m)$，評価基準：真の分布と予測分布の KL 情報量の漸近不偏性）

予測はデータ科学入門 II で述べたように，間接予測と直接予測に大別され，本書におけるモデル集合 $\mathcal{M}$ は既知のもとモデル m は未知である設定での意思決定でも，間接予測と直接予測に分けて考えていく．

ここでの予測問題は，新たに与えられた説明変数 $\boldsymbol{x}$ に対する目的変数 y を予測する問題である．間接予測とは，上記の構造推定によりモデルとパラメータを求め，そのモデルとパラメータを用いて新たな説明変数 $\boldsymbol{x}$ に対する目的変数 y を予測する方法である．例えば，上記の一致性の情報量規準やモデル事後確率最大規準で選んだモデルを予測に利用できるが，この場合，モデル決定の0-1損失のような，真のモデルと決定したモデルの違いを用いた構造推定のための評価基準となっているため，予測に関しての直接的性能保証にはなっていない点に注意が必要である [3.4.1].

他方，予測に対する評価基準により間接予測で用いるモデルを選択することも考えられる．モデル選択で決定したモデル $\widehat{m}$ と，そのモデルのもとでのパラメータの推定量 $\widehat{\boldsymbol{\beta}}_{\widehat{m}}$ による予測分布 $p(y|\boldsymbol{x}, \widehat{m}, \widehat{\boldsymbol{\beta}}_{\widehat{m}})$ を用いて予測を行う間接予測を考えよう．予測の評価基準として，真のモデル m^* とパラメータ $\boldsymbol{\beta}^*_{m^*}$ で表現される真の分布と，この予測分布の違いを測る損失関数を以下の式とする．これは分布間の距離的な尺度でカルバック–ライブラー（KL）情報量と呼ばれている．

$$
\begin{aligned}
&KL(p(\boldsymbol{y}|\boldsymbol{x}, m^*, \boldsymbol{\beta}^*_{m^*})||p(\boldsymbol{y}|\boldsymbol{x}, \widehat{m}, \widehat{\boldsymbol{\beta}}_{\widehat{m}})) \\
&\quad = \int p(\boldsymbol{y}|\boldsymbol{x}, m^*, \boldsymbol{\beta}^*_{m^*}) \log \frac{p(\boldsymbol{y}|\boldsymbol{x}, m^*, \boldsymbol{\beta}^*_{m^*})}{p(\boldsymbol{y}|\boldsymbol{x}, \widehat{m}, \widehat{\boldsymbol{\beta}}_{\widehat{m}})} \mathrm{d}\boldsymbol{y}
\end{aligned}
\tag{1.5}
$$

この間接予測の全体像を意思決定写像で表すと**図 1.3** となる．

パラメータの推定として，最尤推定量 $\widehat{\boldsymbol{\beta}}_{m,\mathrm{ML}}$ を設定すると，下式の情報量規準 AIC（Akaike Information Criterion）が導かれる [3.4.2].

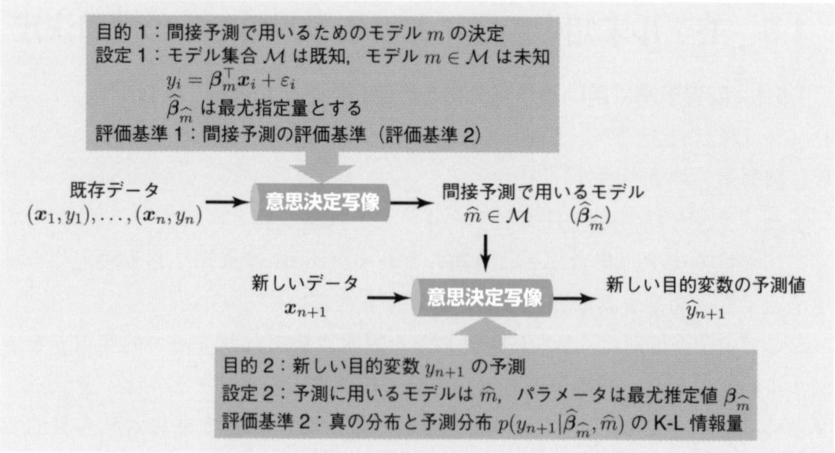

図 1.3　間接予測の精度を評価基準としたモデル選択（AIC）

$$\log p(\boldsymbol{y}|\boldsymbol{X}, m, \widehat{\boldsymbol{\beta}}_{m,\mathrm{ML}}) + \|\widehat{\boldsymbol{\beta}}_m\|_0 \tag{1.6}$$

この AIC は，より正確には上記の損失の危険関数の漸近展開近似から導出された漸近不偏推定量であり，モデルの表現能力と複雑さのトレードオフの考え方を数理的に明確に示した先駆的結果であった．間接予測のための評価を考えているので，モデル選択の構造推定としての性質としては一致性を持たないことが知られている．

1.5.2　ベイズ決定理論による最適直接予測 [3.5]

（⑤ 目的：直接予測，設定：$(\underset{\sim}{\varepsilon}, \underset{\sim}{\boldsymbol{\beta}}_m, \underset{\sim}{m})$，評価基準：予測損失のベイズ危険関数）

データ科学入門 II では，モデルは固定しパラメータだけ未知の設定のもとで直接予測を説明した．本書の，生成観測メカニズムを表現するモデル集合 $\mathcal{M}$ を仮定したもとで，モデルが未知である設定においても，直接予測を考えることができる．この決定の意思決定写像は，入力は観測データ $\boldsymbol{X}$, $\boldsymbol{y}$ と新たな説明変数 $\boldsymbol{x}_{n+1}$ であり，出力は目的変数 $\underset{\sim}{y}_{n+1}$ に関する予測値となり，以下のように表すことができる．どの変数が確率変数かは様々な設定があるので $\underset{\sim}{y}_{n+1}$ 以外はその区別を省略して以下記述することとする．

$$d(\boldsymbol{X}, \boldsymbol{y}, \boldsymbol{x}_{n+1}) = \widehat{y}_{n+1} \tag{1.7}$$

重回帰の予測問題の損失関数の例としては，以下のような $\underset{\sim}{y}_{n+1}$ と予測値 $\widehat{y}_{n+1}$ の 2 乗誤差を $\underset{\sim}{y}_{n+1}$ の分布で期待値をとった損失を考えることができる．

$$\begin{aligned}&\ell(y_{n+1}, d(\boldsymbol{X}, \boldsymbol{y}, \boldsymbol{x}_{n+1}))\\&\qquad= \int (y_{n+1} - d(\boldsymbol{X}, \boldsymbol{y}, \boldsymbol{x}_{n+1}))^2 p(y_{n+1}|m, \boldsymbol{\beta}_m, \boldsymbol{x}_{n+1})\mathrm{d}y_{n+1}\end{aligned} \tag{1.8}$$

この損失関数は，機械学習の一分野である統計的学習理論では，$\boldsymbol{x}_{n+1}$ における予測誤差や汎化誤差とも呼ばれている．

データ科学入門 II では，直接予測についてパラメータ $\underset{\sim}{\boldsymbol{\beta}}_m$ を確率変数と仮定して論じたが，以下ではパラメータのみならずモデル $\underset{\sim}{m}$ も確率変数と仮定して考えていく．この仮定のもとで，上記の予測の損失関数のベイズ危険関数を評価基準とした場合に最適決定となる予測法は以下の式となる．

$$d^*(\boldsymbol{X}, \boldsymbol{y}, \boldsymbol{x}_{n+1}) = \int y_{n+1} p(y_{n+1}|\boldsymbol{X}, \boldsymbol{y}, \boldsymbol{x}_{n+1}) \mathrm{d}y_{n+1} \tag{1.9}$$

ここで,

$$\begin{aligned} &p(y_{n+1}|\boldsymbol{X}, \boldsymbol{y}, \boldsymbol{x}_{n+1}) \\ &\quad = \sum_{m \in \mathcal{M}} p(m|\boldsymbol{X}, \boldsymbol{y}) \int p(y_{n+1}|\boldsymbol{x}_{n+1}, \boldsymbol{\beta}_m, m) p(\boldsymbol{\beta}_m|\boldsymbol{X}, \boldsymbol{y}, m) \mathrm{d}\boldsymbol{\beta}_m \end{aligned} \tag{1.10}$$

であり, $p(\boldsymbol{\beta}_m|\boldsymbol{X}, \boldsymbol{y}, m)$ はパラメータの事前分布 $p(\boldsymbol{\beta}_m|m)$ とデータ $\boldsymbol{X}, \boldsymbol{y}$ から求まるパラメータの事後分布である.

式 (1.10) の分布はベイズ予測分布と呼ばれ, その他の予測損失に関してもこの予測分布を用いてベイズ最適な予測が求められることが多く, この分布を求めることが, ベイズ決定理論における予測に関する本質的問題になっている. このベイズ予測分布は, 式 (1.10) で示されるように, モデル集合 $\mathcal{M}$ のすべてのモデルをその事後確率で期待値をとることで求められる.

ここで明確になった最も重要な視点は, ベイス決定理論的に直接予測を考えると, モデルを選択することが最適にならないという点である. ここまで考えてきた, モデル未知の設定での構造推定や間接予測では, モデルを 1 つに選択することが必要であったが, 直接予測ではそのような方法は必要ないということになる†4.

1.6　パラメータの推定と正則化 [3.6]

1.6.1　パラメータの縮小推定と正則化：lasso 回帰, ridge 回帰 [3.6.1]

（⑥ 目的：パラメータの構造推定, 設定：$(\varepsilon, \beta_m, m)$, 評価基準：パラメータ決定の安定性, 推定量の偏りと分散）

ここまで述べてきたモデルの決定とは本来は別の問題であるパラメータの決定問題から発展した方法であるが, 結果的にモデル選択のための評価式と類似の式が導出される問題を説明しておこう.

---

†4 このようなベイズ決定理論からの考え方も含むモデル選択についての解説は, 例えば次を参照されたい. 松嶋敏泰,"統計的モデル選択の概要", オペレーションズ・リサーチ, 7 月号, 369-374, 1996.

生成観測メカニズムを仮定した構造推定や間接予測で現れるモデル選択の規準は，データへの当てはまりの良さを表す項と，モデルの複雑さを表す項を加算した式となっていた．回帰係数パラメータを推定するための評価式として，似たような 2 乗誤差の項と回帰係数の大きさを ℓ_p-ノルムで測った項を加算した以下の式を最小化する方法が用いられることがある．ここでは特徴記述問題における最小 2 乗法的表現を用いたが，生成観測メカニズムで誤差確率変数 $\underset{\sim}{\varepsilon}$ に正規分布の仮定した場合は，第 1 項を対数尤度と見なすこともでき，情報量規準と類似の式となっている．このような方法は正則化法と呼ばれ，第 2 項は正則化項と呼ばれる．

$$\|\boldsymbol{y} - \boldsymbol{X}\boldsymbol{\beta}\|_2^2 + \lambda\|\boldsymbol{\beta}\|_p \tag{1.11}$$

ここで，

$$\|\boldsymbol{\beta}\|_p = \left(\sum_{i=1}^{n} |\beta_i|^p\right)^{\frac{1}{p}} \tag{1.12}$$

はベクトル $\boldsymbol{\beta}$ の ℓ_p-ノルムと呼ばれている．ℓ_0-ノルムはベクトル $\boldsymbol{\beta}$ の非ゼロ成分を表すものとする．

第 1 項はデータとモデルの当てはまりの良さを表しているが，第 2 項はモデルの複雑さを表しているというより，回帰係数が大きくなることにペナルティを課していると考えることができ，統計学では縮小推定と呼ばれている．λ は以上の 2 つの項をバランスさせるための調整係数となっている．

第 2 項に ℓ_2-ノルムを用いたものは ridge 回帰と呼ばれ，推定量が最小 2 乗法と同様に解析的に解ける利点がある上，説明変数に強い多重共線性があり，説明変数データの分散共分散行列の正則性が崩れ，最小 2 乗法の計算が困難な場合でも，安定して回帰係数が求まることから利用されている．λ の値を大きくすると推定量の分散は減少するが，偏りは増加する性質があり，調整して用いられる．

ここまで述べたモデルの選択において，情報量規準では回帰係数の推定は最尤推定量 $\boldsymbol{\beta}_{m,\mathrm{ML}}$ に固定し，事後確率最大化法では回帰係数は周辺化で消してしまい，モデルの決定を主題と考えていることに注意されたい．それに比べ，式 (1.11) は本来は回帰係数を推定するための評価式で，モデル決定の評価基準から導出されたものではないが，モデルの選択にも関係している．

ℓ_0-ノルムは0でない回帰係数の数を表すので，このノルムの場合はモデルの複雑性を表すと考えられ，ℓ_0-ノルムの正則化法はAICやBICに対応している．ℓ_1-ノルムはlasso回帰と呼ばれℓ_0-ノルムと似て係数が0に縮小する推定値が求まりやすい性質がある．そのため，結果的に回帰係数の数が少ないスパースなモデルを選択していることになり，回帰係数の推定だけでなく変数選択も同時に行っているとも考えられる．この性質があるため，モデル集合$\mathcal{M}$の大きさが膨大で，後で述べるようにℓ_0-ノルムの最適探索が計算量的に困難な場合にℓ_0-ノルムの代替法としても用いられる．lasso推定量は，LARS（Least Angle Regression）アルゴリズムや近接勾配法などの最適化理論のアルゴリズムを用いることにより，全数探索と比べて高速に求めることが可能となっている．

1.6.2　ベイズ決定理論による0-1損失パラメータ推定と正則化 [3.6.2]

（⑦ 目的：パラメータの構造推定，設定：$(\underset{\sim}{\varepsilon}, \underset{\sim}{\boldsymbol{\beta}}_m, m)$，評価基準：パラメータ決定の0-1損失ベイズ危険関数）

正則化の例としてあげたℓ_1-ノルムとℓ_2-ノルムの2つの推定法は，データ科学入門IIで扱った回帰係数を確率変数$\underset{\sim}{\boldsymbol{\beta}}_m$と仮定した，ベイズ決定理論からの推定と密接な関係がある．データ科学入門IIではパラメータ推定の損失関数を2乗誤差として最適な推定量を求めたが，ここでは0-1損失のベイズ危険関数を評価基準とした最適なパラメータ推定を考えることで，この2つの正規化と同様な推定量が導出される．回帰係数$\underset{\sim}{\boldsymbol{\beta}}_m$の事前分布をラプラス分布に設定したときがlasso回帰，正規分布としたときがridge回帰に対応している．

1.7　クロスバリデーションと同質性を仮定した間接予測のモデルの決定問題 [4]

1.7.1　クロスバリデーション [4.3]

間接予測を考えた場合のモデルの選択方法として，データだけにフィットするモデルを選択することが好ましくないことが，ここまでの議論から明らかであろう．そこで，予測する新たなデータに対しての予測誤差を直接用いてモデルを選択することが考えられる．しかし，本当に予測のための新たなデータはまだ得られていないので，素朴なやり方としては，現在観測されているデータをパラメータを推定するためのデータ（訓練データ）と予測の精度を検証するデータ（試験データ）の 2 つに分けて予測性能を評価することが考えられる．

つまり，まず各モデル $m \in \mathcal{M}$ ごとに訓練データを用いてパラメータの推定を行う．次にこの推定量を代入したそれぞれのモデルを用いて試験データを予測し，その精度を評価してモデルを選択する．これはクロスバリデーションと呼ばれており，ある種のクロスバリデーションは漸近的には先に述べた AIC と同じモデルを選択することも知られている．クロスバリデーションは，このようなモデル決定に限らず，予測を目的とした各種パラメータの決定などにも用いられている．

1.7.2 同質性を仮定した間接予測 [4.2，4.3，4.4]

回帰と分類の予測問題である機械学習の教師あり学習の多くは，学習データと新たなデータの生成観測メカニズムを陽に仮定していないため，定性的に新たなデータが観測データと同様な背景で得られるという同質性を仮定したもとで予測を考えている．本書のモデル（予測関数）未知の設定でも，基本的には特徴記述と同様な最小 2 乗法などによりモデル選択を行い，そのモデルを用いて間接予測を行うことになる．ここまでの議論で明らかなように，そのような考え方で選ばれた，データのみに適合したモデル（予測関数）が必ずしも良い予測性能を示すとは限らず，このような状況が過学習と呼ばれていることはすでに述べた．

この同質性の仮定だけでは，ここまで説明してきた予測性能を直接保証する方法を構成することは難しいので，結局，生成観測メカニズムを仮定した場合のモデル決定のアナロジーで，情報量規準や正則化法 [4.4] を用いて間接予測のためのモデルを選択する場合がほとんどである．

また，機械学習の一分野である統計的学習理論では，データがある確率分布に従って生成されると仮定し，式 (1.8) の予測誤差（汎化誤差）などを，ある種のモデルの複雑さを表す尺度である VC 次元やラデマッハ複雑度を用いて評価している．この評価は，特徴記述と同様な最小 2 乗法により求めた予測関数の算術平均予測誤差がその期待値である汎化誤差に確率収束する性質（大数の法則）を用いて，導出されている．さらに，データが生成される分布が既知のもとで式 (1.8) の汎化誤差を最小にする最適予測値と，ある予測関数の予測値との間の2乗誤差をこの分布による期待値をとって評価してみよう．この期待2乗誤差は，偏りの2乗と，予測関数の予測値の分散の和に分解できる．偏りとは，予測関数の予測値の期待値と最適予測値との差の絶対値の期待値である．一般にモデルを複雑にして表現能力を高めると，偏りは減少するが分散は増加してしまうため，モデルを複雑にしすぎると汎化誤差はかえって増加してしまう．この偏りと分散のトレードオフについては，先の正則化のところで述べたようにモデルの複雑性を表す正則化項を用いて調整することが考えられる．

正則化項の係数 λ については，同質性を仮定しただけでは理論的導出は困難であり，統計的決定理論からは，λ を学習データ数に伴いある条件で0に近づけることで，予測性能を確率収束の立場で保証することが可能にはなる．しかし，実際の有限の学習データから係数 λ を設定する方法としては，クロスバリデーション [4.3] が多く用いられている．もちろん，クロスバリデーションを用いて直接にモデルやパラメータを推定することも行われている．

1.8　表現能力の高いモデルの構成法 [2, 5.1]

線形回帰モデルは目的変数と説明変数の関係を1次関数のみで表現するモデルであり，その表現能力を2次関数以上に拡張したものが，本章で最初に例としてあげた多項式回帰であった．回帰や分類のモデルの表現能力を上げる方法として，これ以外にどのようなものがあるのだろうか．線形関数をベースとした代表的な拡張法として2つの方向が考えられる．

拡張法1　基底の線形結合の関数 [2.1, 2.2, 2.3, 5.11]

拡張法2　線形回帰関数と活性化関数の合成関数 [2.5.1, 5.1.2]

拡張法1を説明するため，まず，基底を定義しよう．重回帰の p 種の説明変数 x_i, $i=1,\ldots,p$ の任意の関数で基底は定義される．例えば，$\phi_j(\boldsymbol{x})=x_1^2+x_3$, $\phi_j(\boldsymbol{x})=\cos(x_2)$, $\phi_j(\boldsymbol{x})=x_2+x_1x_3$ など様々な関数が考えられる．拡張法1では，下式のように式(1.3)の重回帰式の説明変数ベクトル $\boldsymbol{x}=[1,x_1,x_2,\ldots,x_p]^\top$ を基底ベクトル $\boldsymbol{\phi}(\boldsymbol{x})=[1,\phi_1(\boldsymbol{x}),\ldots,\phi_d(\boldsymbol{x})]^\top$ に置き換えることにより表現能力が高い回帰モデルを構成する．

$$y=\boldsymbol{\beta}^\top\boldsymbol{\phi}(\boldsymbol{x}) \tag{1.13}$$

ここで，回帰係数ベクトル $\boldsymbol{\beta} = [\beta_0, \beta_2, \ldots, \beta_d]^\top$ であるとする．

この拡張により，非常に広範囲の回帰モデルが表現できることは明らかであろう．もちろん通常の重回帰も多項式回帰もこのモデルで表現可能である．さらに，回帰係数ベクトルの最小 2 乗法あるいは正規誤差を仮定した最尤推定の計算は，重回帰と同様に解析的に解ける．その理由は，基底が複雑な非線形関数であっても，重回帰の説明変数ベクトルの部分が基底ベクトルに置き換わっただけなので，回帰係数に関しては線形の関数になっているからである．

次の拡張法 2 は，すでにデータ科学入門 II で，一般化線形モデルとして説明したもので，下式のように重回帰式を活性化関数（リンク関数の逆関数）で変換した関数で表現されたモデルである．

$$y = g(\boldsymbol{\beta}^\top \boldsymbol{x}) \tag{1.14}$$

例えば，活性関数にシグモイド関数（ロジット関数の逆関数）を用いたロジスティック回帰は目的変数が 2 値の場合の回帰モデルとして利用されている．

1.9 ニューラルネットワーク [5]

ニューラルネットワークは，前節で述べた 2 つの拡張法を式 (1.15) のように合成関数として組み合わせたものを一層として，その層の出力 g を次の層の基底 $\boldsymbol{\phi}$ として入れ子状に多層に積み重ねて構成される非常に表現能力の高い関数である [5.2, 5.7].

$$y = g(\boldsymbol{\beta}^\top \boldsymbol{\phi}(\boldsymbol{x})) \tag{1.15}$$

活性化関数 g としてシグモイド関数が初期には用いられたが，ReLU 関数など多種の関数が用いられている [5.5]．ニューラルネットワークのグラフによる表現は第 5 章を参照されたい [5.3].

ニューラルネットワークは回帰 [5.4] と分類 [5.6] の特徴記述や同質性を仮定した間接予測 [5.8] に主に用いられる．このようなニューラルネットワークのメリットは何であろうか．データ科学入門 II までは，モデルは 1 つに固定しパラメータを変化させることだけで，データをうまく表現することを考えた．本書では，モデル集合に含まれる様々なモデルを考えることで，1 つのモデルだけでは表現できない範囲までデータ表現の幅を広げた．つまり，モデル集合を用いることで表現能力を向上させたと考えられよう．

表現能力の向上法として，データ科学入門 II のアプローチに戻ってしまうが，1つのモデルではあるが非常に豊かな表現能力を持つモデルを考えるという方向性もある．つまり，モデルは固定であるがパラメータを変えることで，様々な関数が表現可能なモデルを用いることである．前節の2つの表現能力の拡張法を組み合わせたニューラルネットワークはまさにこの表現能力向上法と位置づけられよう．

このような方法のデメリットとしては，モデルが複雑すぎて，簡単な線形回帰モデルのようにパラメータをある評価基準で最適に求めることは困難なことがあげられる．そこで，各層の回帰係数 $\boldsymbol{\beta}$ にあたる重み付けパラメータを求めるため，層ごとに勾配法を用いて逐次的に更新することを考える．各層のパラメータの勾配を求めるために必要な出力層の値とデータの値との2乗誤差に関する各中間ユニットの重み付けパラメータによる偏微分値は，出力層から入力層へ逆方向にその結果を伝搬させるバックプロパゲーションと呼ばれる方法で比較的容易に計算が可能である [A.2].

この方法はもちろん最適解へ収束する保証はないが，初期値を変えて実行するなど，より良い局所解を求める様々な工夫が行われている．また，何層へも伝搬を続けると勾配がなくなり，勾配法による計算ができなくなる勾配消失の問題も生じるが，活性化関数を改善することなどで対応している [5.5].

ただし，ニューラルネットワークも，モデルの決定を主観に頼らずデータから論理的に決定したい目的への根本的な解決には至っていないため，未だ同様の問題が内在している．つまり，どのような構造のネットワークにするか，例えば各層のパラメータの数，ノード間の結合構造，用いる活性関数など [5.9] は，基本的には解析者が決めなければならない．さらに，表現能力が高い複雑な関数を仮定していることになるので，ある評価基準で観測データを特徴記述する最適なパラメータを推定できたとしても，予測に関する評価において最適な保証はない．より良い性能を得るため，非常に膨大なデータで学習させることや，同質性を仮定した間接予測で述べたことと同様な方法で対処することも行われる [5.8].

第5章では，ニューラルネットワークを回帰と分類の特徴記述や間接的予測に用いる場合は述べているが，情報を圧縮したり生成したりする別の目的でも用いられている [A.1]．情報を圧縮する目的のニューラルネットワークはオートエンコーダと呼ばれ．情報を圧縮する部分はエンコーダ，もとの情報に戻す部分はデコーダと呼ばれる．デコーダ部分は画像やテキストの情報の生成に用いることができ様々な応用が考えられている．

1.10 最適解と計算量

モデルの表現能力を高めるため複雑な関数を用いるようになったため，基底の回帰モデルのようには解析的にパラメータが推定できなくなり，一般化線形モデルやニューラルネットワークなどでは勾配法や近似計算法が用られることになる．ベイズ決定理論による決定も共役の事前分布がない複雑なモデルもあり，一般に解析的に解くことができないため，変分ベイズ法や MCMC 法などが用いられている．

また，生成観測メカニズムを仮定した構造推定や間接予測において，モデル集合からある評価基準で最適なモデルを決定することも，計算量的に困難な問題に位置づけられる．最適モデルを求めるためには，一つ一つのモデルの評価値を求め，全モデルを比較する全数探索しか基本的方法がないからである．これに対処するため最適化理論の様々な探索法の利用によって，計算量の削減や，精度の高い近似解を求めるための，多くのアルゴリズムが提案されている．例えば，重回帰では変数増加法，減少法，増減法などの探索アルゴリズムが用いられている [3.7]．

第2章 複雑な関数による特徴記述

データ科学入門 II では，目的変数 y を説明変数 x の線形関数 $\beta_0 + \beta_1 x$ により特徴記述する方法を扱った．本章では，まず，これを x の多項式関数 $\beta_0 + \beta_1 x + \beta_2 x^2 + \cdots + \beta_k x^k$ へと拡張する方法を解説する．すると次に考えるべき問題として「多項式の最大次数 k をどのように決めればよいか？」という問題が浮かび上がる．残念ながら，関数とデータ点の間の距離のみを評価基準とした特徴記述を考えていても，この問題に有効な解は得られないため，次章以降の内容を学習する必要がある．また，多項式を用いる考え方は重回帰分析においても適用可能であることを述べ，これをさらに発展させると基底関数を用いた線形回帰という形ですべての設定を統一的に表せることも述べる．次に関数の複雑さをコントロールするために，関数とデータ点の間の距離に加えて関数の滑らかさを評価基準とした特徴記述を考える．最後に，関数をいくらでも複雑にできる状況では，関数とデータ点の近さのみを評価基準とした特徴記述があまり意味を持たないという現象が回帰以外の問題でも同様であることを述べる．

2.1 多項式関数による特徴記述

2.1.1 多項式関数に対する最小 2 乗法

2 つの量的変数 x, y について，n 個のデータ点 $(x_1, y_1), \ldots, (x_n, y_n)$ が得られているとする．データ科学入門 II では，$\beta_0 + \beta_1 x$ という関数（x の 1 次関数）を用いた特徴記述を扱った．特に，$\sum_{i=1}^{n} (y_i - (\beta_0 + \beta_1 x_i))^2$ を評価基準として，これを最小化する β_0, β_1 を求める方法が最小 2 乗法であった．**図 2.1** は**表 2.1** の 20 個のデータ点に対する散布図と最小 2 乗法により求めた回帰直線を描いたものである．この図を見ると，x と y の間には直線的というよりもむしろ曲線的な関係性がありそうである．そこで，直線を表す関数ではなく，曲線を表す関数でこのデータの特徴記述を行うことを考える．曲線を表す関数には様々なものが存在するが，すぐに思いつくものとして $f(x) = \beta_0 + \beta_1 x + \beta_2 x^2$ や $f(x) = \beta_0 + \beta_1 x + \beta_2 x^2 + \beta_3 x^3$ などがあげられる．一般に $f(x) = \beta_0 + \beta_1 x + \cdots + \beta_k x^k$ を次数 k の**多項式関数**という．

表 2.1 20 個の x と y のデータ

x	y
−3.142	0.088
−2.811	−0.321
−2.480	−0.587
−2.150	−1.033
−1.819	−1.025
−1.488	−1.164
−1.157	−0.921
−0.827	−0.649
−0.496	−0.514
−0.165	−0.295
0.165	0.255
0.496	0.564
0.827	0.586
1.157	0.794
1.488	1.035
1.819	0.832
2.150	1.017
2.480	0.392
2.811	0.372
3.142	0.006

次数 k を固定して，多項式関数 $f(x) = \beta_0 + \beta_1 x + \cdots + \beta_k x^k$ で特徴記述を行うとき，$\beta_0, \ldots, \beta_k$ はどのように求めればよいだろうか？ 一つの考え方は，1 次関数の場合と同様に $\sum_{i=1}^{n} \left(y_i - \left(\beta_0 + \beta_1 x_i + \cdots + \beta_k x_i^k\right)\right)^2$ を評価基準として，これを最小化する $\beta_0, \ldots, \beta_k$ を求めるというものである．この方法もやはり**最小 2 乗法**と呼ばれる．**図 2.2** は $k = 3, 5, 7$ のそれぞれの場合に $\beta_0, \ldots, \beta_k$ を最小 2 乗法で求めた場合の曲線である．

では具体的に最小 2 乗法による解はどのように求めればよいだろうか？ ベクトル $\boldsymbol{\beta}$ を $\boldsymbol{\beta} = [\beta_0, \beta_1, \ldots, \beta_k]^\top$ とおき，ベクトル $\boldsymbol{\phi}_i$ を $\boldsymbol{\phi}_i = \left[1, x_i, x_i^2, \ldots, x_i^k\right]^\top$ とおくと，最小 2 乗法の評価基準は $\sum_{i=1}^{n} \left(y_i - \boldsymbol{\beta}^\top \boldsymbol{\phi}_i\right)^2$ と書くことができる．さらにベクトル $\boldsymbol{y}$ を $\boldsymbol{y} = [y_1, \ldots, y_n]^\top$ とおき，行列 $\boldsymbol{\Phi}$ を

$$\boldsymbol{\Phi} = \begin{bmatrix} \boldsymbol{\phi}_1^\top \\ \vdots \\ \boldsymbol{\phi}_n^\top \end{bmatrix}$$

とおけば，最小 2 乗法の評価基準は $\|\boldsymbol{y} - \boldsymbol{\Phi}\boldsymbol{\beta}\|_2^2$ と書くことができる．これは

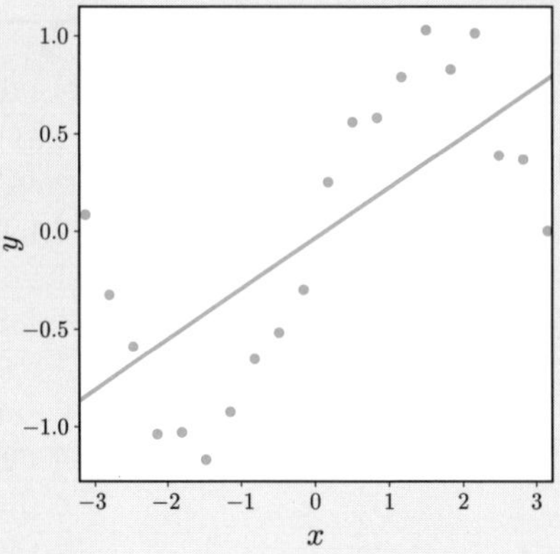

図 2.1　20 個のデータ点に対する散布図と最小 2 乗法により求めた回帰直線

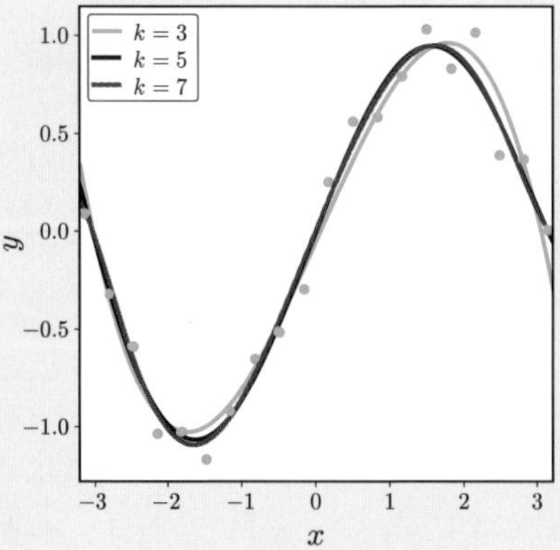

図 2.2　次数が $k = 3, 5, 7$ のそれぞれの場合で $\beta_0, \ldots, \beta_k$ を最小 2 乗法で求めた場合の曲線

$\boldsymbol{\Phi}$ が計画行列であるような，説明変数が複数ある場合の線形関数に対する最小 2 乗法の式と同一である．よって最小 2 乗法の解は

$$\boldsymbol{\beta}_{\mathrm{MMSE}} = \left(\boldsymbol{\Phi}^\top \boldsymbol{\Phi}\right)^{-1} \boldsymbol{\Phi}^\top \boldsymbol{y} \tag{2.1}$$

と書くことができる．このように，k 次多項式関数に関する最小 2 乗法は，

表 2.2　$k=3$ の場合に対応する計画行列 $\boldsymbol{\Phi}$

定数項	x	x^2	x^3
1	−3.142	9.872	−31.018
1	−2.811	7.902	−22.212
1	−2.480	6.150	−15.253
1	−2.150	4.622	−9.938
1	−1.819	3.309	−6.019
1	−1.488	2.214	−3.295
1	−1.157	1.339	−1.549
1	−0.827	0.684	−0.566
1	−0.496	0.246	−0.122
1	−0.165	0.027	−0.004
1	0.165	0.027	0.004
1	0.496	0.246	0.122
1	0.827	0.684	0.566
1	1.157	1.339	1.549
1	1.488	2.214	3.295
1	1.819	3.309	6.019
1	2.150	4.622	9.938
1	2.480	6.150	15.253
1	2.811	7.902	22.212
1	3.142	9.872	31.018

$x, x^2, \ldots, x^k$ に対応する k 個の説明変数がある場合の線形関数に対する最小 2 乗法と同一視できる（**表 2.2** 参照）．

2.1.2　次数の決め方

前の項では次数を固定したもとで多項式関数に対する最小 2 乗法を適用した．それでは次数はどのように決めればよいだろうか？ 次数が大きいほど複雑な関数を表現できるので，次数は大きければ大きいほど良いと思われるかもしれない．しかしこれは実際に試してみるとあまりよいアイデアではなさそうなことがすぐにわかる．**図 2.3** は先ほどと同様のデータに対して次数 $k=19$ の多項式関数を用いて最小 2 乗法を適用した結果である．この場合，得られた曲線はすべての点を通るので，2 乗距離の合計値は 0 となる．一般的に，$x_1, \ldots, x_n$ の値がすべて異なるときには，次数 $k=n-1$ の多項式関数ですべての点を通るものが存在し，その場合，2 乗距離の合計値は 0 となる．

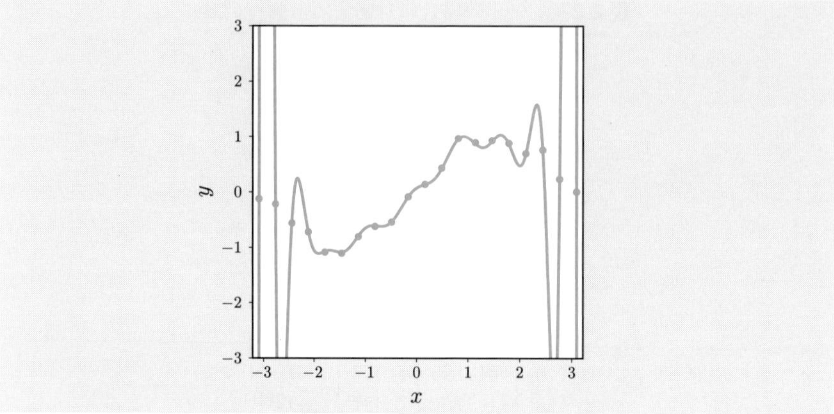

図 2.3　次数を $k=19$ として $\beta_0,\ldots,\beta_{19}$ を最小 2 乗法で求めた場合の曲線

なぜこのようなことが起こってしまったのだろうか？ そもそも「特徴記述を行う」とはどういうことだったかを振り返ってみると，最初は「x と y の関係性を求める」ところからスタートしていた．「関係性を求める」という表現は曖昧なので，関係性を「関数」という形で表すことにより，変数間の関係性を表現する関数 $y=f(x)$ を求める問題に帰着させた．そして評価基準を $f(x_i)$ と y_i との 2 乗距離の和とすることで，「最適な」関数というものが 1 つに決まるのであった．2 乗距離の和は 0 より小さくはできないので，2 乗距離の和 $=0$ を達成する関数は「最適な」関数ということになってしまう．この問題は特徴記述の目的を，「変数間の関係性を表現する，できるだけ複雑性の低い関数を求める」という問題であったと解釈することで説明できる．データ科学入門 II では関数を 1 次関数のみに制限して考えていたので，意思決定写像における出力の関数の複雑性は変わらなかった．しかし考える関数の範囲を多項式関数にまで広げ，さらに次数も自由に変えられるとなると，出力される関数の複雑性も変わってくる．次数 $k=n-1$ の多項式は，$x_1,\ldots,x_n$ の値から $y_1,\ldots,y_n$ の値を完全に再現できることからわかるように，特徴を記述するというよりも n 個のデータを別の形で表現しているようなものである．ここで以下の 2 点が重要となる．

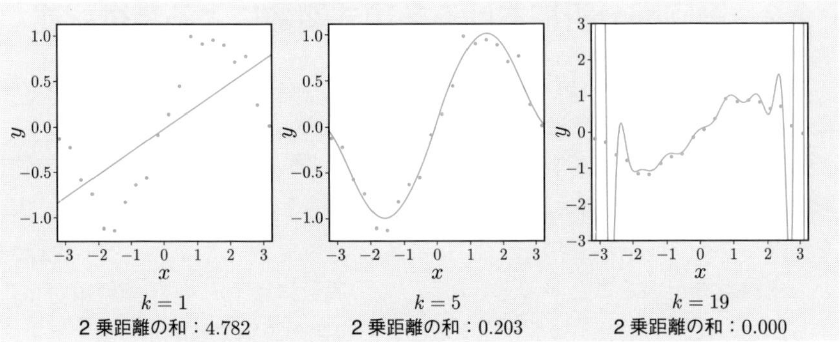

図 2.4　多項式の次数が $k = 1, 5, 19$ のときの最小 2 乗法により求めた直線・曲線と，直線・曲線と各点の 2 乗距離の和

- 「関数の複雑性」をどのように数理的に表現するか
- 一般的に「関数の複雑性」と「$f(x_i)$ と y_i との距離の和」はトレードオフ関係にある

1 つ目の点については，議論の曖昧性を取り除くために必要である．関数の複雑性を表す指標には様々なものが考えられるが，例えば多項式関数であれば次数が関数の複雑性を表すと考えられるし，より一般的には関数 $f(x)$ のパラメータの数が関数の複雑性を表すとも考えられる．2 つ目の点は，「変数間の関係性を表現する，できるだけ複雑性の低い関数を求める」という問題を難しくしている要因である．**図 2.4** には，多項式の次数が $k = 1, 5, 19$ の場合のそれぞれについて，最小 2 乗法により求めた直線・曲線と，直線・曲線と各点の間の 2 乗距離の和が書かれている．この図からもわかるように，多項式の次数を大きくすると，多項式関数は複雑になる一方で，2 乗距離の和は単調に減少する．より一般的には，「関数の複雑性」と「データへの当てはまりの良さ」はトレードオフ関係にある．このようにトレードオフ関係にある 2 つの評価基準があるときのアプローチとして考えられるのは，2 つの評価基準の重み付け和を考え，それを最小化するというものである．このアプローチについては 2.4 節で解説する．また第 3 章では，確率的データ生成観測メカニズムを仮定したもとで，多項式の次数などを決定する方法についても解説する．

2.2 重回帰分析における多項式関数による特徴記述

2.1 節で扱った多項式関数による特徴記述の考え方は説明変数が複数ある場合にも拡張できる．目的変数 y と p 個の説明変数 $x_1, \ldots, x_p$ の関係性について関数を用いて特徴記述をすることを考える[†1]．データ科学入門 II では，特徴記述の関数として $f(x) = \beta_0 + \beta_1 x_1 + \cdots + \beta_p x_p$ という関数を用いたが，これを拡張して $f(x) = \beta_0 + (\beta_{11} x_1 + \cdots + \beta_{1k} x_1^k) + \cdots + (\beta_{p1} x_p + \cdots + \beta_{pk} x_p^k)$ という関数を用いることが考えられる．この関数には $(pk+1)$ 個の項が存在する．さらに説明変数が複数存在する場合，複数の説明変数の積の項を関数に含めることもできる．例えば，すべての 2 つの説明変数の組による積を関数に含めると，

$$f(x) = \beta_0 + \sum_{j=1}^{p} \sum_{l=1}^{k} \beta_{jl} x_j^l + \sum_{j_1 < j_2} \beta_{(j_1, j_2)} x_{j_1} x_{j_2}$$

という関数が考えられる[†2]．ただし，右辺の第 3 項は j_1, j_2 の $\{1, \ldots, p\} \times \{1, \ldots, p\}$ の中で $j_1 < j_2$ であるようなすべての組に対する和を意味する．この関数には $1 + pk + \frac{p(p-1)}{2}$ 個の項が存在する．このような複数の説明変数の積の項は**交互作用**項と呼ばれ，2 つの変数の積は 2 次の交互作用，3 つの変数の積は 3 次の交互作用と呼ばれる[†3]．交互作用項の個数は p と共に非常に大きくなる点に注意が必要である．例えば $p = 10$ で 2 次の交互作用をすべて考えると，交互作用項の個数は $\frac{10 \times 9}{2} = 45$ 個であるが，$p = 100$ では $\frac{100 \times 99}{2} = 4950$ 個，$p = 1000$ では $\frac{1000 \times 999}{2} = 499500$ 個となる．

交互作用を考慮する意義について少し深堀りしてみよう．**表 2.3** はある地域に生えている低木の高さ y と，各木が生えている土中のバクテリア数 x_1 および各木の日当たりの良さ x_2 を調査したデータである．このデータに対し，

[†1] 前項での x の添え字はデータの番号を表していたが，本節では説明変数の番号を表す点に注意されたい．

[†2] β_{jl} は x_j^l に対する係数，$\beta_{(j_1, j_2)}$ は $x_{j_1} x_{j_2}$ に対する係数である．

[†3] 元々交互作用という用語は統計学の分散分析という手法で用いられる用語であるが，本書では複数の説明変数が関連しあって目的変数に影響を与えるものをすべて交互作用と呼ぶことにする．実際，ダミー変数を導入することで，分散分析のモデルは重回帰分析のモデルで表現可能であるので，実質的には本書の交互作用は分散分析の意味での交互作用を含んでいると考えてよい．

表 2.3 ある地域の低木の高さ（cm）y，各木が生えている土中のバクテリア数（1000 個/ml）x_1，各木の日当たりの良さ（0：日当たりが悪い，1：日当たりが良い）x_2

y	x_1	x_2
77.070	8.246	0
110.616	8.902	1
71.339	7.458	0
170.479	15.860	1
98.252	14.084	0
113.066	16.461	0
99.014	12.547	0
144.019	12.358	1
69.193	5.589	0
86.543	10.523	0
133.095	11.091	1
85.855	11.514	0
63.683	6.014	0
168.957	16.071	1
73.144	7.175	0
139.503	11.780	1
145.079	13.051	1
147.041	12.730	1
178.668	17.135	1
63.033	5.305	0

$f(x_1, x_2) = \beta_0 + \beta_1 x_1 + \beta_2 x_2$ という回帰式を設定して回帰係数を最小 2 乗法により求めると，$y = 31.118 + 5.318x_1 + 47.192x_2$ という式を得る．x_2 が 0 か 1 の 2 値しかとらないことに注意すると，この式はさらに

$$y = \begin{cases} 31.118 + 5.318x_1 & x_2 = 0 \text{ のとき} \\ 78.310 + 5.318x_1 & x_2 = 1 \text{ のとき} \end{cases}$$

と書くことができる．$x_2 = 0$ のときと $x_2 = 1$ のときで x_1 の係数は等しい点に注意されたい．**図 2.5** は x と y に関する散布図と求まった回帰式の直線を図示したものである．この場合，得られた直線は $x_2 = 0$ の場合と $x_2 = 1$ の場合とで傾きが等しくなっているが，実際には $x_2 = 1$ のときのほうが傾きは大きそうである．そこで x_1 と x_2 の交互作用を含め，$f(x_1, x_2) = \beta_0 + \beta_1 x_1 + \beta_2 x_2 + \beta_{(1,2)} x_1 x_2$ という回帰式に対して最小 2 乗法

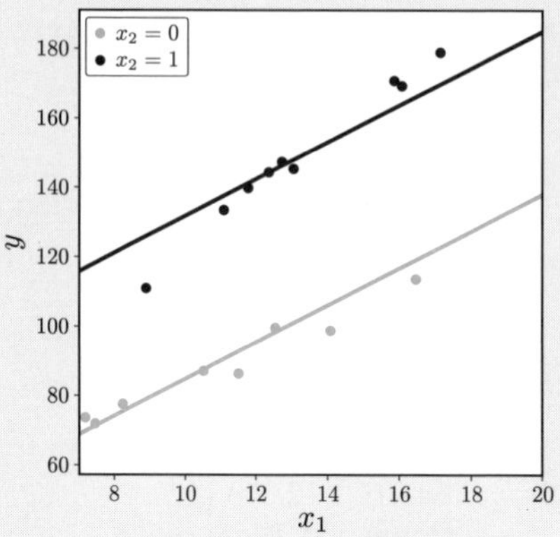

図 2.5　表 2.3 のデータの x_1 と y の散布図と最小 2 乗法により求めた $y = \beta_0 + \beta_1 x_1 + \beta_2 x_2$ の直線

を適用してみると，$y = 41.165 + 4.264x_1 + 2.742x_2 + 3.656x_1x_2$ という式を得る．この式も $x_2 = 0$ の場合と $x_2 = 1$ の場合とで場合分けをすると，

$$y = \begin{cases} 41.165 + 4.264x_1 & x_2 = 0 \text{ のとき} \\ 43.907 + 7.920x_1 & x_2 = 1 \text{ のとき} \end{cases}$$

と書くことができる．今度は $x_2 = 0$ のときと $x_2 = 1$ のときで x_1 の係数が異なっている．**図 2.6** は x と y に関する散布図と求まった交互作用項付きの回帰式の直線を図示したものである．x_2 の値に応じて x_1 と y の間に異なる関係性を設定することを，x_1 と x_2 の交互作用を組み込むことで実現できている．

最後に具体的に最小 2 乗法により回帰係数を求める方法について述べる．話を簡単にするため，各変数についての 2 乗項とすべての 2 次の交互作用を含んだ $y = \beta_0 + \sum_{j=1}(\beta_{j1}x_j + \beta_{j2}x_j^2) + \sum_{j_1<j_2}\beta_{(j_1,j_2)}x_{j_1}x_{j_2}$ という回帰式に対する最小 2 乗法を説明する．説明するといっても，特に新しいことは何もなく，$\boldsymbol{\beta} = \left[\beta_0, \beta_{11}, \ldots, \beta_{p1}, \beta_{12}, \ldots, \beta_{p2}, \beta_{(1,2)}, \ldots, \beta_{((p-1),p)}\right]^\top$ とおき，$\boldsymbol{\phi}_i = \left[1, x_{i1}, \ldots, x_{ip}, x_{i1}^2, \ldots, x_{ip}^2, x_{i1}x_{i2}, \ldots, x_{i(p-1)}x_{ip}\right]^\top$ とおけば，最小 2 乗法の評価基準はやはり $\sum_{i=1}^n \left(y_i - \boldsymbol{\beta}^\top \boldsymbol{\phi}_i\right)^2$ と書くことができ，ベクトル $\boldsymbol{y}$ を $\boldsymbol{y} = [y_1, \ldots, y_n]^\top$，行列 $\boldsymbol{\Phi}$ を

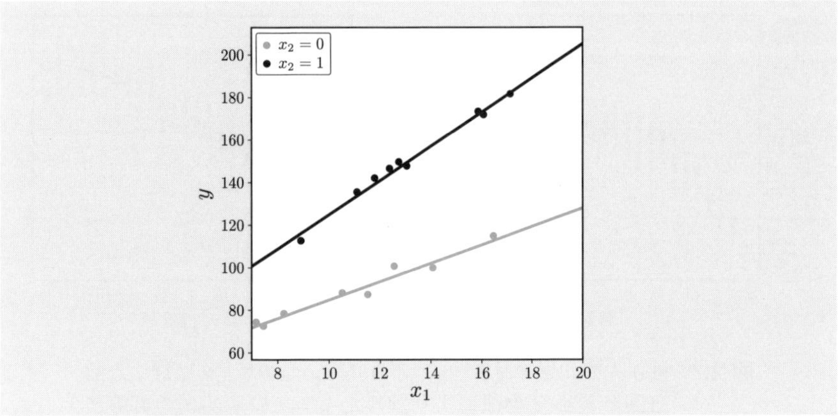

図 2.6 表 2.3 のデータの x_1 と y の散布図と最小 2 乗法により求めた $y = \beta_0 + \beta_1 x_1 + \beta_2 x_2 + \beta_{(1,2)} x_1 x_2$ の直線

$$\boldsymbol{\Phi} = \begin{bmatrix} \boldsymbol{\phi}_1^\top \\ \vdots \\ \boldsymbol{\phi}_n^\top \end{bmatrix}$$

とおけば，最小 2 乗法の評価基準は $\|\boldsymbol{y} - \boldsymbol{\Phi\beta}\|_2^2$ と書くことができる．よって最小 2 乗法の解は式 (2.1) と同様に

$$\boldsymbol{\beta}_{\mathrm{MMSE}} = \left(\boldsymbol{\Phi}^\top \boldsymbol{\Phi}\right)^{-1} \boldsymbol{\Phi}^\top \boldsymbol{y} \tag{2.2}$$

と書くことができる．つまり説明変数が複数存在する設定において，説明変数として，$x_1, \ldots, x_p$ に加えて，$x_1^2, \ldots, x_p^2, x_1 x_2, \ldots, x_{p-1} x_p$ に対応する変数が増えたと考えればよい．

2.3 基底関数に基づく線形回帰式による特徴記述

再度，説明変数が 1 つである設定を考える．**図 2.7** は 800 人分の幼児に関する月齢と身長のデータについて，散布図と最小 2 乗法により求めた $y = \beta_0 + \beta_1 x$ の直線および $y = \beta_0 + \beta_1 x + \beta_2 x^2$ の曲線を描いたものである．傾向としては月齢と共に身長は大きくなっているが，身長の伸び方は月齢と共に緩やかになっており，2 次の多項式による特徴記述のほうがデータの特徴を捉えられ

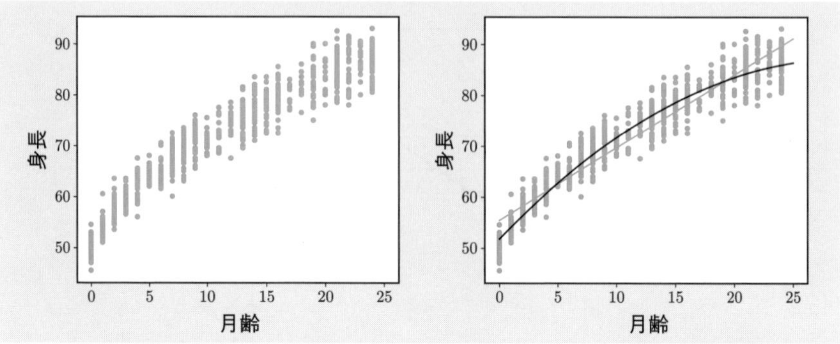

図 2.7 800 人の幼児の月齢（x）と身長（y）のデータに対する散布図と最小 2 乗法により求めた $y = \beta_0 + \beta_1 x$ の直線と $y = \beta_0 + \beta_1 x + \beta_2 x^2$ の曲線

ているように見える．しかし 2 次関数の特徴から，この曲線はある月齢を迎えたところで減少に転じる．ここではあくまで得られたデータの特徴記述を行うことが目的であり，得られていないデータの予測が目的ではないが，それでも直観に反するような関数で特徴記述を行うことに違和感がある読者もいるであろう．2.1 節では多項式関数による特徴記述について述べたが，多項式関数以外の関数による特徴記述も同様の方法で行うことができる．例えば x の増加関数（x が大きくなると関数の値も大きくなるような関数）の中で，関数値の増加が x の増加と共に緩やかになる関数として $f(x) = \sqrt{x}$ という関数がある．そこで，$y = \beta_0 + \beta_1\sqrt{x}$ で特徴記述を行うことを考える．この関数は $\boldsymbol{\beta} = [\beta_0, \beta_1]^\top$，$\boldsymbol{\phi} = [1, \sqrt{x}]^\top$ により $\boldsymbol{\beta}^\top\boldsymbol{\phi}$ と表すことができるため，$\boldsymbol{\phi}_i = [1, \sqrt{x_i}]^\top$ とおき，

$$\boldsymbol{\Phi} = \begin{bmatrix} \boldsymbol{\phi}_1^\top \\ \vdots \\ \boldsymbol{\phi}_n^\top \end{bmatrix}$$

とすれば，最小 2 乗法の評価基準は $\|\boldsymbol{y} - \boldsymbol{\Phi\beta}\|_2^2$ と書くことができる．よって最小 2 乗法の解はやはり式 (2.1) と同様に

$$\boldsymbol{\beta}_{\mathrm{MMSE}} = \left(\boldsymbol{\Phi}^\top\boldsymbol{\Phi}\right)^{-1}\boldsymbol{\Phi}^\top\boldsymbol{y} \tag{2.3}$$

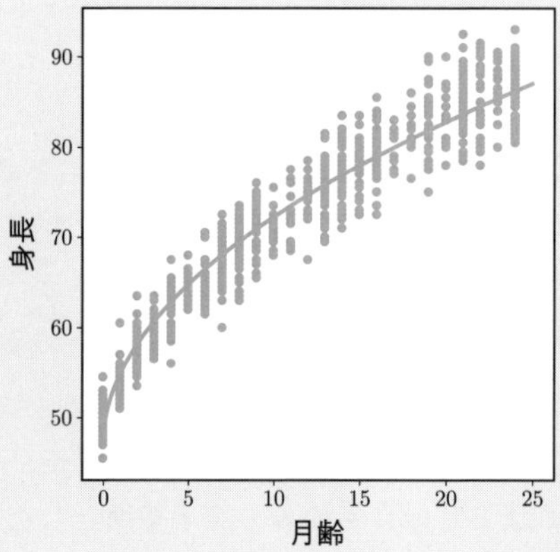

図 2.8 800 人の幼児の月齢 (x) と身長 (y) のデータに対する散布図と最小 2 乗法により求めた $y = \beta_0 + \beta_1\sqrt{x}$ の曲線

となる．**図 2.8** は最小 2 乗法により求めた $y = \beta_0 + \beta_1\sqrt{x}$ のグラフを描いたものである．

さて，これまでに目的変数を説明変数の様々な関数で特徴記述を行う方法について説明してきたが，いずれも最小 2 乗法の解は $\left(\boldsymbol{\Phi}^\top\boldsymbol{\Phi}\right)^{-1}\boldsymbol{\Phi}^\top\boldsymbol{y}$ と表すことができた．ここで，$\boldsymbol{\Phi}$ の各行 $\boldsymbol{\phi}_i^\top$ は $\boldsymbol{x}_i$ から計算されるベクトルで，これはさらに

$$\boldsymbol{\phi}_i^\top = [1, \phi_1(\boldsymbol{x}_i), \phi_2(\boldsymbol{x}_i), \ldots, \phi_d(\boldsymbol{x}_i)] \tag{2.4}$$

と書くことができる[†4]．例えば 2.1 節の内容は $d = k$ で $\phi_1(x_i) = x_i$, $\phi_2(x_i) = x_i^2, \ldots, \phi_k(x_i) = x_i^k$ とおいたものと考えられ，2.2 節の内容は $d = pk + \frac{p(p-1)}{2}$ で $\phi_1(\boldsymbol{x}_i) = x_{i1}, \phi_2(\boldsymbol{x}_i) = x_{i2}, \ldots, \phi_d(\boldsymbol{x}_i) = x_{i(p-1)}x_{ip}$ とおいたものと考えることができる．$\phi_j, j = 1, \ldots, d$ は**基底関数**や**特徴量**などと呼ばれるが，本書では基底関数と呼ぶ[†5]．

[†4] 先頭の 1 について，$\phi_0(\boldsymbol{x}_i) = 1$ という関数があると考えてもよい．また，この式の右辺は $\boldsymbol{x}_i$ の関数であるため，左辺は正確に書くと $\boldsymbol{\phi}_i(\boldsymbol{x}_i)$ となる．

[†5] 特徴量といった場合，関数 ϕ_j ではなく $\boldsymbol{x}$ に対する関数の値 $\phi_j(\boldsymbol{x})$ を指すことも多い．

すでに述べたとおり，基底関数の集合 $\phi_1, \ldots, \phi_d$ が 1 つに定まればそれらの基底関数に基づいた $y = \beta_0 + \beta_1\phi_1(\boldsymbol{x}) + \cdots + \beta_d\phi_d(\boldsymbol{x})$ という関数による特徴記述を考えることができる．最小 2 乗法により $\boldsymbol{\beta} = [\beta_0, \beta_1, \ldots, \beta_d]^\top$ を求める場合，解は $\left(\boldsymbol{\Phi}^\top\boldsymbol{\Phi}\right)^{-1}\boldsymbol{\Phi}^\top\boldsymbol{y}$ となる．ここで重要なことは

- 何個の基底関数を用いるか（d をいくつに設定するか）
- 基底関数 $\phi_1, \ldots, \phi_d$ としてどのような関数を用いるか

をあらかじめデータ分析者が決めておく必要があることである．2.1 節で多項式の次数 p を大きくすればするほど 2 乗誤差が小さくなったように，一般的に多くの基底関数を用いれば（d を大きくすれば）2 乗誤差を小さくすることができる．データへの当てはまりの良さのみを評価基準とした特徴記述を考えている限りでは，上記の 2 つの問題の解決策はデータに関する背景知識・領域知識をもとにデータ分析者が決める以外の手段はないであろう．上記の 2 つの問題に対して様々な視点から適した方法を考えるというのは本書の大きなテーマの一つである．

変数間の関係性を基底関数を用いた線形関数により特徴記述する意思決定写像は**図 2.9** のように表される．

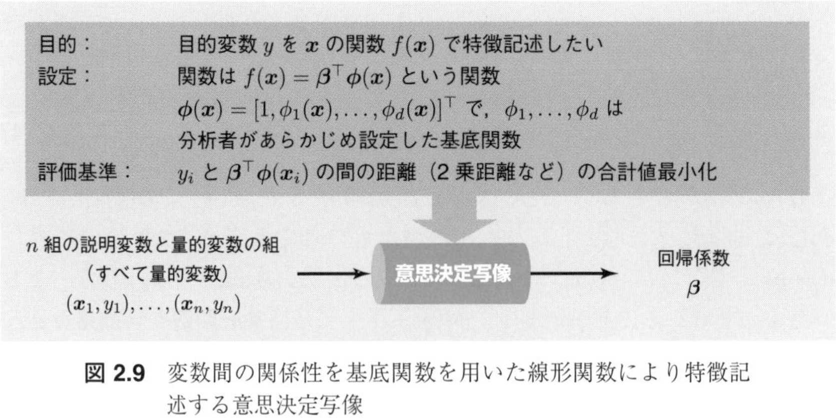

図 2.9　変数間の関係性を基底関数を用いた線形関数により特徴記述する意思決定写像

2.3.1 データ分析例

表 2.4 はデータ科学入門 II の 3.2.5 項で扱った，442 名の糖尿病患者についての年齢・BMI・総コレステロール値・血糖値・1 年後の糖尿病の進行度合いのデータである[†6]．糖尿病の進行度合いを y，年齢・BMI・総コレステロール値・血糖値をそれぞれ説明変数 x_1, x_2, x_3, x_4 とし，$\boldsymbol{x} = [x_1, x_2, x_3, x_4]^\top$ とする．$\boldsymbol{\beta} = [\beta_0, \beta_1, \beta_2, \beta_3, \beta_4]^\top$ として，$f_1(\boldsymbol{x}) = \beta_0 + \beta_1 x_1 + \cdots + \beta_4 x_4$ という関数で特徴記述を行う．評価基準を 2 乗距離として最小 2 乗法により $\boldsymbol{\beta}_{\mathrm{MMSE}}$ を求めると，

$$\boldsymbol{\beta}_{\mathrm{MMSE}} = [-203.698, 0.224, 8.893, 0.0461, 1.114]^\top \tag{2.5}$$

となる．次に以下の基底関数を用いた線形関数による特徴記述を考える．

$$\begin{aligned} &\phi_1(\boldsymbol{x}) = x_1, \quad \phi_2(\boldsymbol{x}) = x_2, \quad \phi_3(\boldsymbol{x}) = x_3, \quad \phi_4(\boldsymbol{x}) = x_4, \\ &\phi_5(\boldsymbol{x}) = x_1^2, \quad \phi_6(\boldsymbol{x}) = x_2^2, \quad \phi_7(\boldsymbol{x}) = x_3^2, \quad \phi_8(\boldsymbol{x}) = x_4^2 \end{aligned} \tag{2.6}$$

つまり元々あった説明変数に，各説明変数の 2 乗を追加した形である．$\boldsymbol{\beta} = [\beta_0, \beta_1, \ldots, \beta_8]^\top$，$\boldsymbol{\phi}(\boldsymbol{x}) = [1, \phi_1(\boldsymbol{x}), \phi_2(\boldsymbol{x}), \ldots, \phi_8(\boldsymbol{x})]^\top$ として，$f_2(\boldsymbol{x}) = \boldsymbol{\beta}^\top \boldsymbol{\phi}(\boldsymbol{x})$ という関数で特徴記述を行う．評価基準を 2 乗距離として最小 2 乗法により $\boldsymbol{\beta}_{\mathrm{MMSE}}$ を求めると，

$$\begin{aligned} &\boldsymbol{\beta}_{\mathrm{MMSE}} \\ &\quad = [294.552, -2.895, 3.449, -0.255, -6.247, 0.034, 0.100, 0.001, 0.040]^\top \end{aligned} \tag{2.7}$$

表 2.4 442 名の糖尿病患者の年齢・BMI・総コレステロール値・血糖値と糖尿病の進行度合いのデータ

No.	糖尿病の進行度合い	年齢	BMI	総コレステロール値	血糖値
1	151	59	32.1	157	87
2	75	48	21.6	183	69
3	141	72	30.5	156	85
⋮	⋮	⋮	⋮	⋮	⋮
442	57	36	19.6	250	92

[†6] `https://hastie.su.domains/Papers/LARS/` からダウンロードしたデータの一部．

となる．

なお，$f_1(\boldsymbol{x})$ と $f_2(\boldsymbol{x})$ に最小2乗法により得られた $\boldsymbol{\beta}_{\mathrm{MMSE}}$ を代入して，それぞれの寄与率を計算すると $f_1(\boldsymbol{x})$ では 0.374，$f_2(\boldsymbol{x})$ では 0.393 となり，$f_2(\boldsymbol{x})$ のほうが寄与率が大きい．寄与率は，データへの当てはまりの良さを表す指標の一つであるので，複雑な関数ほど大きくなる．よって寄与率が大きくなるように基底関数の個数を決めようとするのは，2乗誤差を小さくするように基底関数の個数を決めるのと同じように，意味のある分析にはならない．

2.4　滑らかな関数による特徴記述

図 2.3 で見たように，多項式回帰の問題で次数の大きい多項式を用いると，関数が複雑すぎてデータの特徴記述がうまくできないという問題があった．この図で特徴記述がうまくできていないと考えられる理由として，例えば，一番左の2点を見ると x の値は非常に近いにも関わらず，その間の短い区間について y の値が大きく変動しているということがあげられる．つまり多くの人は「x の値が近ければ対応する y の値も近いであろう」という直観を持っており，**図 2.3** の曲線はその直観に反しているのである．そこで「x の値が近ければ対応する y の値も近い」という制約を課した上で曲線を求めるという問題を考えよう．「x の値が近ければ対応する y の値も近い」曲線を「滑らかな」曲線と呼ぶことにしよう．「点と曲線の近さ」を数理的に表現したように「曲線の滑らかさ」も数理的に表現する必要がある．

ある関数 $f(\boldsymbol{x})$ が与えられたときに，その関数が滑らかであるということを表現するものの一つにリプシッツ連続性がある．関数 $f(\boldsymbol{x})$ が**リプシッツ連続**であるとは，任意の $\boldsymbol{x}_1, \boldsymbol{x}_2$ に対して

$$|f(\boldsymbol{x}_1) - f(\boldsymbol{x}_2)| \leq K\|\boldsymbol{x}_1 - \boldsymbol{x}_2\|_2 \tag{2.8}$$

を満たす定数 $K > 0$ が存在することをいう[†7]．この式は $\boldsymbol{x}_1$ と $\boldsymbol{x}_2$ が近ければ，それらに対する関数の出力 $f(\boldsymbol{x}_1)$ と $f(\boldsymbol{x}_2)$ も近くなるということを表現して

[†7] より正確には2つの距離関数 d_X と d_Y に対して，$d_Y(f(\boldsymbol{x}_1), f(\boldsymbol{x}_2)) \leq K d_X(\boldsymbol{x}_1, \boldsymbol{x}_2)$ と定義される．ここでの定義は距離関数 d_Y を絶対値距離，d_X をユークリッド距離とした場合に対応する．

おり，定数 K の値が小さいほどより滑らかな関数ということになる．定数 K は関数 f の**リプシッツ定数**という．$f(\boldsymbol{x}) = \boldsymbol{\beta}^\top \boldsymbol{x}$ という線形関数を考えると，

$$
\begin{aligned}
|f(\boldsymbol{x}_1) - f(\boldsymbol{x}_2)| &= |\boldsymbol{\beta}^\top \boldsymbol{x}_1 - \boldsymbol{\beta}^\top \boldsymbol{x}_2| && (2.9)\\
&= |\boldsymbol{\beta}^\top (\boldsymbol{x}_1 - \boldsymbol{x}_2)| && (2.10)\\
&\leq \|\boldsymbol{\beta}\|_2 \|\boldsymbol{x}_1 - \boldsymbol{x}_2\|_2 && (2.11)
\end{aligned}
$$

が成り立つ．最後の不等式はコーシー–シュワルツの不等式から成り立つ．この式が意味することは $\|\boldsymbol{\beta}\|_2$ が小さければ対応する線形関数が滑らかであるということである．

そこで $\boldsymbol{\beta}^\top \boldsymbol{\phi}(\boldsymbol{x})$ という関数で特徴記述を行う場合にも $\|\boldsymbol{\beta}\|_2$ を関数の滑らかさの基準とすることを考える．これで関数の滑らかさの基準を数理的に表現することができた．

次に考えるべきことは，点と曲線の間の距離の合計値で測る「データへの当てはまりの良さ」と「関数の滑らかさ」という 2 つの評価基準をどのようにして同時に考慮するかということである．先ほど述べたように，これら 2 つの評価基準はトレードオフの関係にある．データ科学入門 I・II でも度々出てきたように，このようにトレードオフ関係にある 2 つの評価基準を同時に考えるための方策はいくつか考えられる．そのうちの一つは，両者の重み付け和を考え，1 つの評価基準にまとめてしまうというものである．計算の都合上，滑らかさの基準を $\|\boldsymbol{\beta}\|_2$ を 2 乗した $\|\boldsymbol{\beta}\|_2^2$ として

$$
\|\boldsymbol{y} - \boldsymbol{\Phi}\boldsymbol{\beta}\|_2^2 + \lambda \|\boldsymbol{\beta}\|_2^2 \tag{2.12}
$$

という評価基準を考える．λ はデータへの当てはまりの良さと関数の滑らかさのバランスをコントロールするパラメータで，λ が大きいほど関数の滑らかさを重視し，λ が小さいほどデータへの当てはまりの良さを重視することになる．このパラメータは**正則化パラメータ**と呼ばれる．λ の値はデータ分析者が決めることになるが，特徴記述のみを考えているときには特に良い決め方はない．予測に利用する場合の決め方については第 4 章で詳しく述べる．式 (2.12) を最小化する $\boldsymbol{\beta}$ は，式 (2.12) を $\boldsymbol{\beta}$ に関して微分して 0 とおいた式を $\boldsymbol{\beta}$ に関して解くことで得られ，

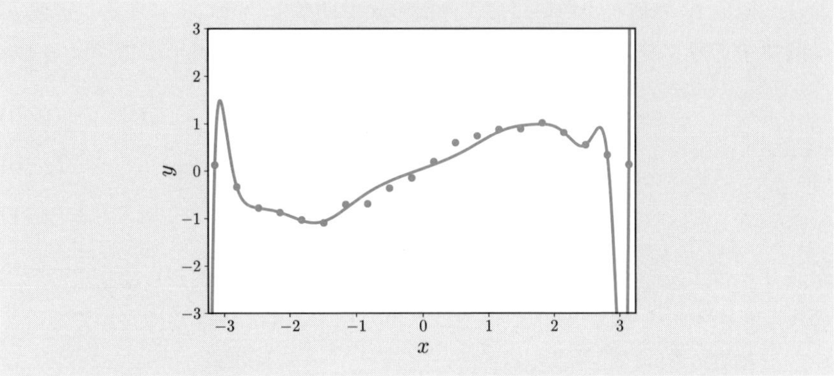

図 2.10　次数を $k = 19$ として $\beta_0, \ldots, \beta_{19}$ を式 (2.13) で求めた場合の曲線

$$\boldsymbol{\beta}_{\mathrm{ridge}} = (\boldsymbol{\Phi}^\top \boldsymbol{\Phi} + \lambda \boldsymbol{I})^{-1} \boldsymbol{\Phi}^\top \boldsymbol{y} \tag{2.13}$$

となる．回帰係数を式 (2.13) によって求める手法は **ridge 回帰**と呼ばれる．**図 2.3** と同様のデータに対して，$\lambda = 1$ とおいて式 (2.13) に基づいて $\boldsymbol{\beta}_{\mathrm{ridge}}$ を求めると，対応する曲線は**図 2.10** のようになる．**図 2.3** と比較して曲線が滑らかになっていることが確認できる．

ridge 回帰では $\boldsymbol{\beta}$ の大きさを $\|\boldsymbol{\beta}\|_2$ で測り，それを小さくするように評価基準を設定した．一般的に n 次元ベクトル $\boldsymbol{x}$ に対して

$$\|\boldsymbol{x}\|_p = \left(\sum_{i=1}^{n} |x_i|^p \right)^{\frac{1}{p}} \tag{2.14}$$

を $\boldsymbol{x}$ の $\boldsymbol{\ell_p}$**-ノルム**と呼ぶ[†8]．$\|\boldsymbol{\beta}\|_2$ は ℓ_2-ノルムである．$\boldsymbol{\beta}$ の大きさを $\|\boldsymbol{\beta}\|_1$ で測り，それを小さくするようにしたいと考えると，

$$\|\boldsymbol{y} - \boldsymbol{\Phi}\boldsymbol{\beta}\|_2^2 + \lambda \|\boldsymbol{\beta}\|_1 \tag{2.15}$$

という評価基準が考えられる．式 (2.15) を最小にするように $\boldsymbol{\beta}$ を求める手法は **lasso 回帰**と呼ばれる．ridge 回帰とは異なり，lasso 回帰の場合，式 (2.15) を最小にする $\boldsymbol{\beta}$ を簡単な式で表すことはできないため，最適解は最適化手法に

[†8] p-ノルムということもあるが，本書では ℓ_p-ノルムという表記を用いる．

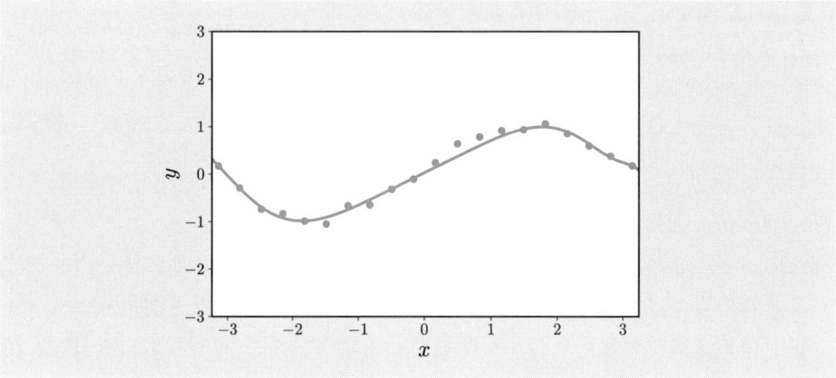

図 2.11　次数を $k = 19$ として $\beta_0, \ldots, \beta_{19}$ を式 (2.15) 最小化により求めた場合の曲線

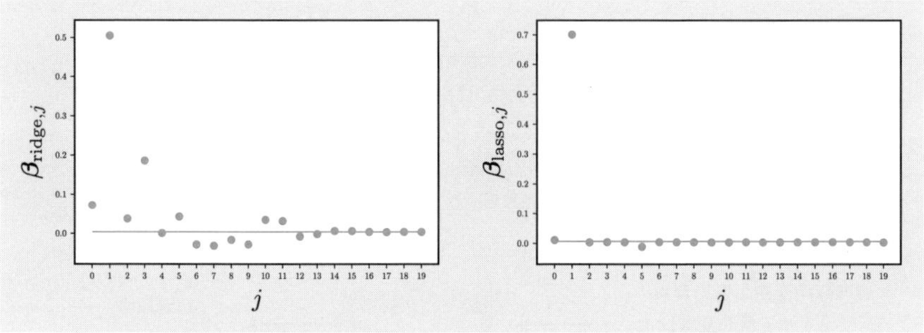

図 2.12　**図 2.10**（ridge 回帰）で求めた $\boldsymbol{\beta}_{\mathrm{ridge}}$（左）と**図 2.11**（lasso 回帰）で求めた $\boldsymbol{\beta}_{\mathrm{lasso}}$（右）．横軸は $\boldsymbol{\beta}$ のインデックスを表し，縦軸はそれぞれ $\boldsymbol{\beta}_{\mathrm{ridge}}$, $\boldsymbol{\beta}_{\mathrm{lasso}}$ の第 j 成分 $\beta_{\mathrm{ridge},j}$, $\beta_{\mathrm{lasso},j}$ の値を表す．

基づいて数値的に求める必要があるが，式 (2.15) は凸関数であるため比較的容易に最適解を求めることができる．$\lambda = 1$ とおいて式 (2.15) を最小化する $\boldsymbol{\beta}$ を求めると，対応する曲線は**図 2.11** のようになる．ridge 回帰の場合と同様，**図 2.3** の曲線よりも滑らかな曲線が得られることがわかる．なお**図 2.10**（ridge 回帰）で求めた $\boldsymbol{\beta}$ と**図 2.11**（lasso 回帰）で求めた $\boldsymbol{\beta}$ の各要素の値を比較すると**図 2.12** のようになる．この図から lasso 回帰では多くの $\boldsymbol{\beta}$ の値が 0 となっていることが確認できる．このように lasso 回帰では最適解が多くの

0 を含む傾向があることが知られている．

ℓ_1-ノルムと ℓ_2-ノルムを組み合わせて

$$\|\boldsymbol{y} - \boldsymbol{\Phi}\boldsymbol{\beta}\|_2^2 + \lambda_1\|\boldsymbol{\beta}\|_1 + \lambda_2\|\boldsymbol{\beta}\|_2 \tag{2.16}$$

という評価基準を考えることもできる．この評価基準を最小化する手法は **Elastic-net 回帰**と呼ばれるが，本書では詳細は省略する．

ridge 回帰，lasso 回帰，Elastic-net 回帰のように，評価基準にデータへの当てはまりの良さに加えて関数の滑らかさの制約をおくことを**正則化**という．

正則化を考慮に入れた滑らかな関数による特徴記述の意思決定写像は**図 2.13** のようになる．

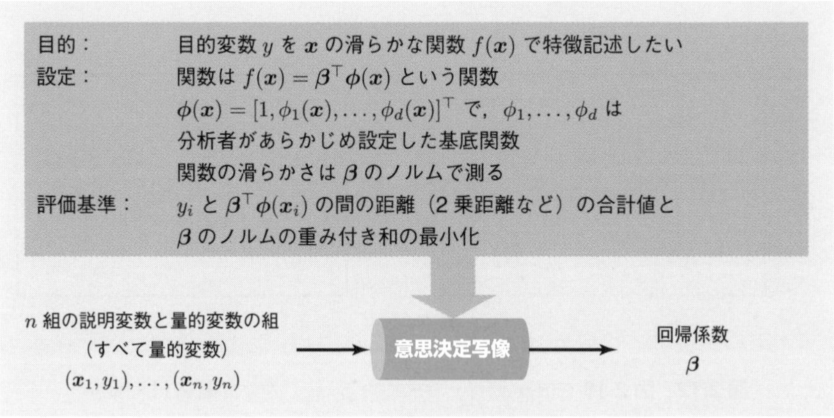

図 2.13　正則化を考慮に入れた滑らかな関数による特徴記述の意思決定写像

2.5　分類問題における複雑な関数による特徴記述

前節では目的変数が量的変数である場合に，複雑な（非線形）関数で特徴記述を行う方法を扱った．目的変数が質的変数である場合でも同様の方法で，データ科学入門 II で扱った関数よりも複雑な関数で特徴記述を行うことができる．

2.5.1 ロジスティック関数による特徴記述

ロジスティック関数による特徴記述では，目的変数 y_i に対して説明変数 $\boldsymbol{x}_i$ の関数

$$g(\boldsymbol{\beta}^\top \boldsymbol{x}_i) = \frac{1}{1+\mathrm{e}^{-\boldsymbol{\beta}^\top \boldsymbol{x}_i}} \tag{2.17}$$

を当てはめることで特徴記述を行うのであった．ここで d 個の基底関数 $\phi_1, \ldots, \phi_d$ を用意し，$\boldsymbol{\phi}_i = [\phi_1(\boldsymbol{x}_i), \ldots, \phi_d(\boldsymbol{x}_i)]^\top$ とおいて

$$g(\boldsymbol{\beta}^\top \boldsymbol{\phi}_i) = \frac{1}{1+\mathrm{e}^{-\boldsymbol{\beta}^\top \boldsymbol{\phi}_i}} \tag{2.18}$$

という関数で特徴記述をすることもできる．

図 2.14(a) はデータ科学入門 II の 4.3 節で扱ったデータである．特徴記述に用いる関数を式 (2.17)，誤差関数を

$$\ell(y_i, \boldsymbol{x}_i) = \begin{cases} -\log \frac{\mathrm{e}^{-\boldsymbol{\beta}^\top \boldsymbol{x}_i}}{1+\mathrm{e}^{-\boldsymbol{\beta}^\top \boldsymbol{x}_i}} & y_i = 0 \text{ のとき} \\ -\log \frac{1}{1+\mathrm{e}^{-\boldsymbol{\beta}^\top \boldsymbol{x}_i}} & y_i = 1 \text{ のとき} \end{cases} \tag{2.19}$$

としたときの，最適な $\boldsymbol{\beta} = [\beta_1, \beta_2]^\top$ は $\sum_{i=1}^n \ell(y_i, \boldsymbol{x}_i)$ を最小化する $\boldsymbol{\beta}$ となる．この最小化問題の最適解は 1 つの式では表せないが，勾配法などにより求めることができる．データ科学入門 II でも述べたとおり，$g(\boldsymbol{\beta}^\top \boldsymbol{x})$ は 0 から 1 の範囲の値をとり，$\boldsymbol{\beta}^\top \boldsymbol{x}$ の値が小さいほど 0 に近く，$\boldsymbol{\beta}^\top \boldsymbol{x}$ の値が大きいほど 1 に近い値をとる．**図 2.14**(b) は散布図に $\boldsymbol{\beta}^\top \boldsymbol{x}$ の値に関する等高線を書き加えたもので，この場合，等高線は直線となる．

次に基底関数として $\phi_1(\boldsymbol{x}_i) = x_{i1}$，$\phi_2(\boldsymbol{x}_i) = x_{i2}$，$\phi_3(\boldsymbol{x}_i) = x_{i1}^2$，$\phi_4(\boldsymbol{x}_i) = x_{i2}^2$ を用いた場合を考える．$\boldsymbol{\phi}_i = [\phi_1(\boldsymbol{x}_i), \phi_2(\boldsymbol{x}_i), \phi_3(\boldsymbol{x}_i), \phi_4(\boldsymbol{x}_i)]^\top$ とおいて特徴記述に用いる関数を式 (2.18)，誤差関数を

$$\ell(y_i, \boldsymbol{x}_i) = \begin{cases} -\log \frac{\mathrm{e}^{-\boldsymbol{\beta}^\top \boldsymbol{\phi}_i}}{1+\mathrm{e}^{-\boldsymbol{\beta}^\top \boldsymbol{\phi}_i}} & y_i = 0 \text{ のとき} \\ -\log \frac{1}{1+\mathrm{e}^{-\boldsymbol{\beta}^\top \boldsymbol{\phi}_i}} & y_i = 1 \text{ のとき} \end{cases} \tag{2.20}$$

としたときの，最適な $\boldsymbol{\beta} = [\beta_1, \beta_2, \beta_3, \beta_4]^\top$ は $\sum_{i=1}^n \ell(y_i, \boldsymbol{x}_i)$ を最小化する $\boldsymbol{\beta}$ となる[†9]．やはりこの $\boldsymbol{\beta}$ も勾配法などにより求めることができる．求まった最

[†9] 式 (2.20) の右辺に $\boldsymbol{x}_i$ が含まれていないが，これは $\boldsymbol{\phi}_i(\boldsymbol{x}_i)$ を略して $\boldsymbol{\phi}_i$ と書いているためである．

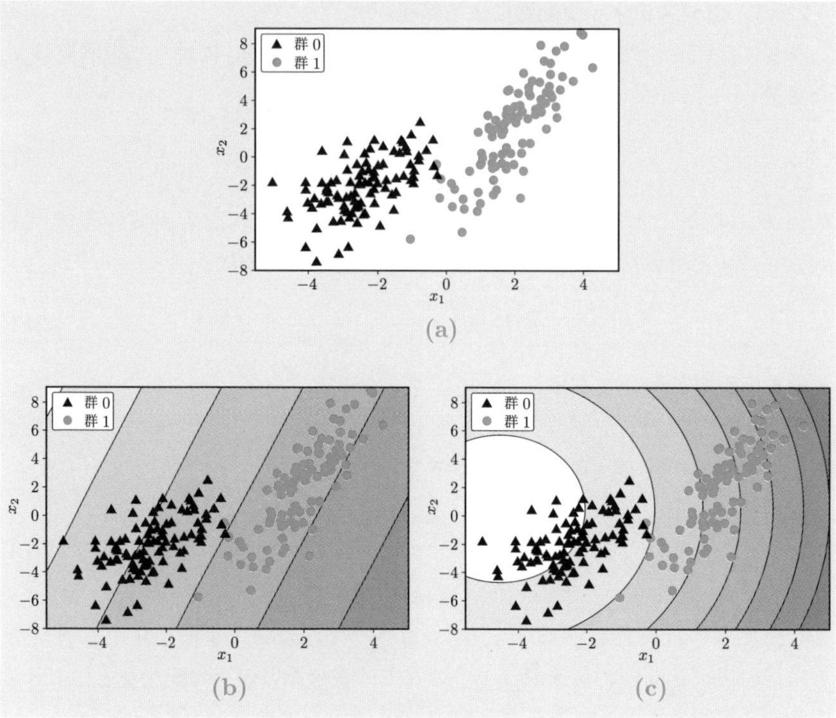

図 2.14　説明変数の値をそのまま利用した場合の $\boldsymbol{\beta}^\top \boldsymbol{x}$ に関する等高線 (b) と基底関数（2 次関数を追加）を利用した場合の $\boldsymbol{\beta}^\top \boldsymbol{\phi}(\boldsymbol{x})$ に関する等高線 (c)

適な $\boldsymbol{\beta}$ について $\boldsymbol{\beta}^\top \boldsymbol{\phi}(\boldsymbol{x}) = \beta_1 x_1 + \beta_2 x_2 + \beta_3 x_1^2 + \beta_4 x_2^2$ に関する等高線を描くと**図 2.14**(c) のような曲線となる．

2.5.2　決定木による特徴記述

当てはまりの良さと関数の複雑さのトレードオフは決定木による特徴記述においても見られる．**図 2.15** のデータに対して最大深さ 2, 5 の決定木を作成すると**図 2.16** のようになる．ただし Gini 係数を不純度として用い，CART 法を適用して木を構築した．これらの図を見てわかるとおり，木の最大深さを大きくすればするほど，葉ノードにおける不純度を小さくすることができる．得られているデータにおいて，$\boldsymbol{x}$ の値が全く同じで y の値のみが異なるような

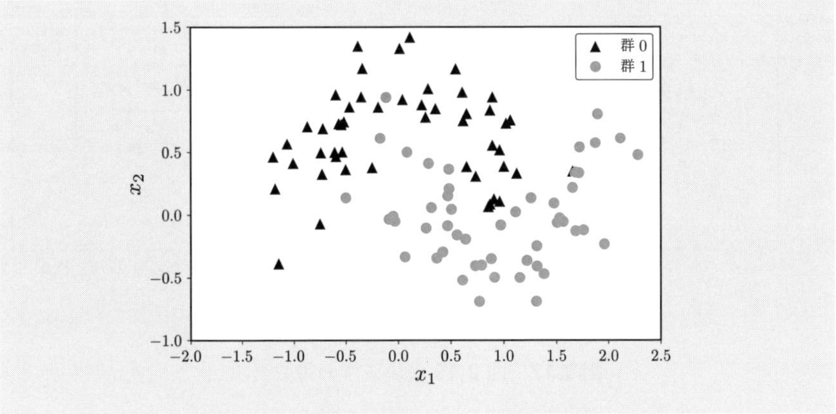

図 2.15　群で色分けした x_1, x_2 の散布図

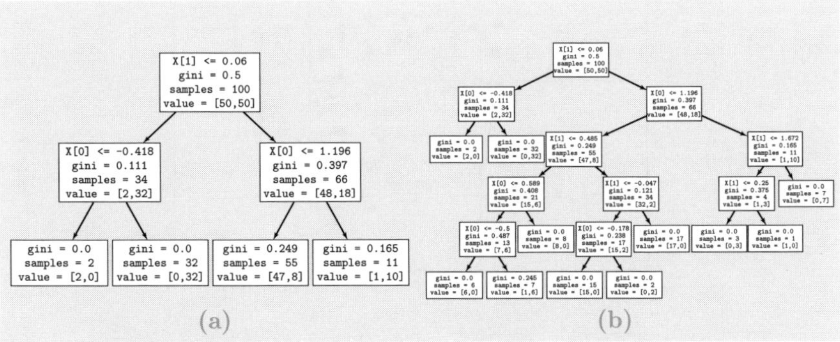

図 2.16　**図 2.15** のデータに対して Gini 係数を不純度として用い最大深さを 2（(a)）・5（(b)）と設定して CART 法を適用して得られる決定木

データ点がない限り，最大深さを大きくしていけば最終的には不純度が 0 の木を構築することができる（葉ノードに含まれるデータ点が 1 つしかなければ不純度は 0 となるため）．実際，**図 2.18** は同じデータについて最大深さを 10 に設定して構築した木を領域表現したものであるが，この木では葉ノードの不純度は 0 となっている．不純度が 0 ということは，$\boldsymbol{x}_1, \ldots, \boldsymbol{x}_n$ の値から決定木をもとに $y_1, \ldots, y_n$ を完全に再現できるということである．これは多項式関数の場合と同様，n 個のデータを別の形で表現しているようなものであり，データの特徴を記述しているとはいえないであろう．

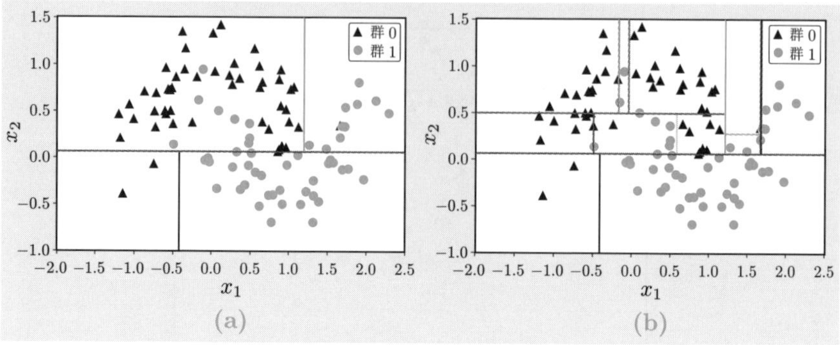

図 2.17　図 2.16 の決定木の領域表現

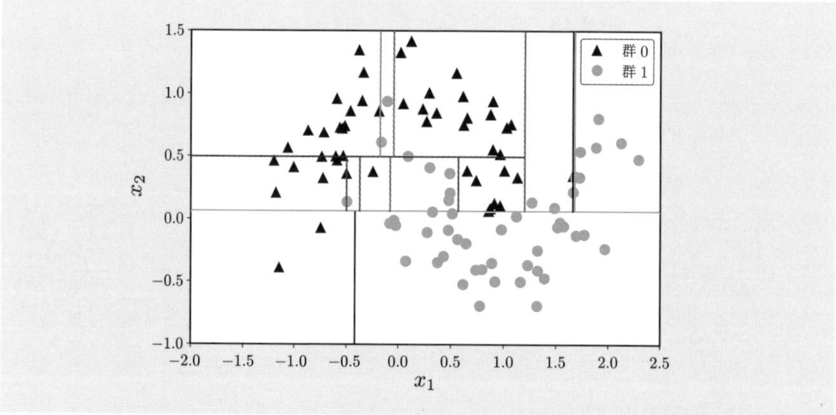

図 2.18　図 2.15 のデータに対して葉ノードの不純度（Gini 係数）が 0 となるように最大深さを設定して構築した決定木の領域表現．ここでは最大深さ 10 となった．

第3章 確率的データ生成観測メカニズム

第 2 章では，複雑な関数による特徴記述を扱った．本章では，目的変数と説明変数の間に複雑な関数による関係性を設定する確率的データ生成観測メカニズムを考える．まずは基底関数を固定した場合（モデルが既知の場合）の確率的データ生成観測メカニズムを考え，次に基底関数の組合せが未知の場合（モデルが未知の場合）の確率的データ生成観測メカニズムを考える．モデルが未知である場合には，複数のモデルからモデルを選ぶという新たな問題が出現し，そのような問題にも様々な評価基準が考えられる．また，目的が予測である場合には，設定や評価基準によってモデルを選ばずに予測するのが最適となることもある．

3.1 モデルが既知の設定における線形回帰モデル

目的変数 $\underset{\sim}{y}$ と説明変数 $\boldsymbol{x}$ の間に次のような確率モデルを仮定する．

$$\underset{\sim}{y} = \boldsymbol{\beta}^\top \boldsymbol{\phi}(\boldsymbol{x}) + \underset{\sim}{\varepsilon} \tag{3.1}$$

ここで，$\boldsymbol{\beta}$ は未知パラメータ，$\boldsymbol{\phi}(\boldsymbol{x}) = [1, \phi_1(\boldsymbol{x}), \ldots, \phi_d(\boldsymbol{x})]$，$\underset{\sim}{\varepsilon}$ は平均 0，分散 σ_ε^2 の正規分布 $\mathcal{N}(0, \sigma_\varepsilon^2)$ に従う確率変数とする．簡単のため，σ_ε^2 の値は既知として話を進める．ここでは $\phi_1, \ldots, \phi_d$ はデータ分析者があらかじめ設定した基底関数であり，この設定を「モデルが既知の設定」と呼ぶことにする．

確率モデルを仮定したことにより，$\boldsymbol{\beta}$ の最尤推定量や不偏推定量を考えたり，$\boldsymbol{\beta}$ に事前分布を仮定したもとでのベイズ最適な推定量を考えたりすることができる．ここでは基底関数 $\phi_1, \ldots, \phi_d$ が決まっており，$\boldsymbol{x}_1, \ldots, \boldsymbol{x}_n$ から $\boldsymbol{\phi}_i = [1, \phi_1(\boldsymbol{x}_i), \ldots, \phi_d(\boldsymbol{x}_i)]^\top$，$i = 1, \ldots, n$ を計算できるので，基本的には説明変数が複数存在する場合の線形回帰と同様に推定量を構築できる．

ここでは例として $\boldsymbol{\beta}$ の最尤推定を考える．$\underset{\sim}{\boldsymbol{y}} = [\underset{\sim}{y}_1, \ldots, \underset{\sim}{y}_n]^\top$ とおくと，$\boldsymbol{\beta}, \sigma_\varepsilon^2$ の尤度関数は

$$p(\boldsymbol{y}|\boldsymbol{\beta}, \sigma_\varepsilon^2) = \prod_{i=1}^{n} \frac{1}{\sqrt{2\pi\sigma_\varepsilon^2}} \exp\left(-\frac{(y_i - \boldsymbol{\beta}^\top \boldsymbol{\phi}_i)^2}{2\sigma_\varepsilon^2}\right) \tag{3.2}$$

となる．$\boldsymbol{\beta}$ の最尤推定量は特徴記述における最小 2 乗法の解と同様，

$$\underset{\sim}{\widehat{\boldsymbol{\beta}}}_{\mathrm{ML}} = (\boldsymbol{\Phi}^\top \boldsymbol{\Phi})^{-1} \boldsymbol{\Phi}^\top \underset{\sim}{\boldsymbol{y}} \tag{3.3}$$

で与えられる．

また後で結果を利用するため，$\underset{\sim}{\boldsymbol{\beta}}$ も確率変数であると考えるベイズ的な設定における，$\underset{\sim}{\boldsymbol{\beta}}$ の事後分布と $\boldsymbol{x}_{n+1}$ に対する $\underset{\sim}{y}_{n+1}$ の予測分布についてもまとめておこう．サンプル $\underset{\sim}{D}^n$ が与えられたもとで，$\underset{\sim}{\boldsymbol{\beta}}$ の事後分布は

$$p(\boldsymbol{\beta}|D^n) = \frac{p(D^n|\boldsymbol{\beta})p(\boldsymbol{\beta})}{p(D^n)} \tag{3.4}$$

で与えられる[†1]．$\underset{\sim}{\boldsymbol{\beta}}$ の事前分布 $p(\boldsymbol{\beta})$ を $\mathcal{N}(\boldsymbol{\mu}_0, \boldsymbol{\Sigma}_0)$ とすると，事後分布も正規分布 $\mathcal{N}(\boldsymbol{\mu}_n, \boldsymbol{\Sigma}_n)$ となり，その平均と分散共分散行列は

$$\boldsymbol{\mu}_n = \boldsymbol{\Sigma}_n \left(\boldsymbol{\Sigma}_0^{-1} \boldsymbol{\mu}_0 + \frac{1}{\sigma_\varepsilon^2} \boldsymbol{\Phi}^\top \underset{\sim}{\boldsymbol{y}}\right), \tag{3.5}$$

$$\boldsymbol{\Sigma}_n = \left(\boldsymbol{\Sigma}_0^{-1} + \frac{1}{\sigma_\varepsilon^2} \boldsymbol{\Phi}^\top \boldsymbol{\Phi}\right)^{-1} \tag{3.6}$$

で与えられる．

サンプル $\underset{\sim}{D}^n$ と $\boldsymbol{x}_{n+1}$ が与えられたもとで，$\underset{\sim}{y}_{n+1}$ の予測分布は

$$p(y_{n+1}|D^n, \boldsymbol{x}_{n+1}) = \int p(y_{n+1}|\boldsymbol{\beta}, \boldsymbol{x}_{n+1}) p(\boldsymbol{\beta}|D^n) \mathrm{d}\boldsymbol{\beta} \tag{3.7}$$

で与えられる．$\underset{\sim}{\boldsymbol{\beta}}$ の事前分布 $p(\boldsymbol{\beta})$ を $\mathcal{N}(\boldsymbol{\mu}_0, \boldsymbol{\Sigma}_0)$ とすると，予測分布は以下の

[†1] 予測分布の結果も含め，詳細はデータ科学入門 II の第 3 章を参照．

ようになる．

$$p(y_{n+1}|D^n, \boldsymbol{x}_{n+1}) = \mathcal{N}(\boldsymbol{\mu}_n^\top \boldsymbol{\phi}_{n+1}, \sigma_{n+1}^2), \tag{3.8}$$

$$\sigma_{n+1}^2 = \sigma_\varepsilon^2 + \boldsymbol{\phi}_{n+1}^\top \boldsymbol{\Sigma}_n \boldsymbol{\phi}_{n+1} \tag{3.9}$$

データ科学入門 II では詳しく述べなかったが，$\boldsymbol{\beta}$ の事前分布に**ラプラス分布**を仮定した場合の事後分布，予測分布についても述べておこう．この結果も後で利用する．ラプラス分布の確率密度関数は以下で与えられる．

$$p(x; \mu, \alpha) = \frac{1}{2\alpha} \exp\left(-\frac{|x-\mu|}{\alpha}\right) \tag{3.10}$$

正規分布と同様，μ が分布の中心位置を規定し，α が分布の広がり具合を規定する．**図 3.1** は平均が 0 で分散が 1 の正規分布とラプラス分布の確率密度関数を描いたものである（ラプラス分布の分散は $2\alpha^2$ となるため，$\alpha = \frac{1}{\sqrt{2}}$ とした）．正規分布に比べて，ラプラス分布のほうが尖っており，0 付近の密度が大きいため，同じ平均が 0 の分布であっても，正規分布を事前分布としたときよりもラプラス分布を事前分布としたときのほうが，その確率変数が 0 付近の値をとるという信念が強いことになる．$\boldsymbol{\beta}$ の事前分布をラプラス分布とした場合，$\boldsymbol{\beta}$ の事後分布や $\underset{\sim}{y}_{n+1}$ の予測分布を解析的に求めることはできないが，

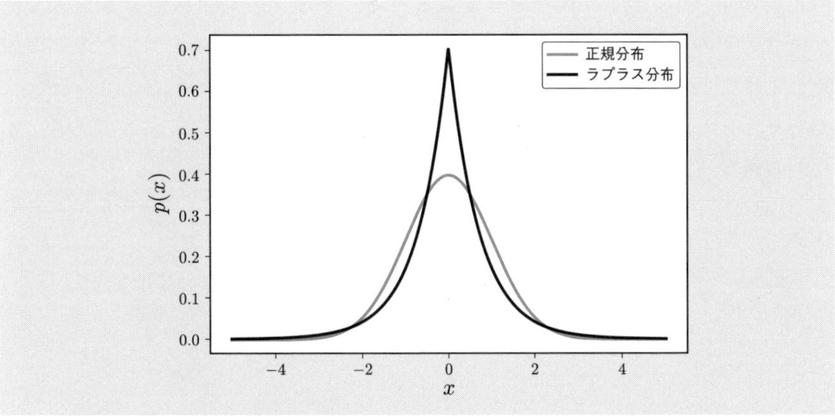

図 3.1 平均が 0 で分散が 1 の正規分布とラプラス分布の確率密度関数

MCMC 法を使って近似的に求めることができる[†2]．3.6.2 項で実際のデータ分析事例において事前分布を正規分布とした場合とラプラス分布とした場合の事後分布の比較を行う．

3.2　モデルが未知の設定における線形回帰モデル

3.1 節ではデータ生成観測メカニズムの基底関数がわかっている（データ分析者によって固定されている）設定を扱った．ここでは，基底関数の組合せの候補が決まっているとき，どの基底関数の組合せを選ぶかをデータから決定する設定を扱う．記述を簡単にするため，これを「モデルが未知の設定」と呼ぶことにする．モデルという用語の意味については後ほど述べる．

モデルが未知の設定は実用上重要な様々な問題を含んでいる．まずはどのような問題が含まれるか，例を用いて説明しよう．

次数が未知の多項式回帰

1 つの説明変数 x と目的変数 $\underset{\sim}{y}$ に対して次のような確率モデルを仮定する．

$$\underset{\sim}{y} = \boldsymbol{\beta}^\top \boldsymbol{\phi}(x) + \underset{\sim}{\varepsilon} \tag{3.11}$$

ここで，$\boldsymbol{\beta}$ は未知パラメータ，$\boldsymbol{\phi}(x) = [1, x, x^2, \ldots, x^k]$，$\varepsilon$ は平均 0，分散 σ_ε^2 の正規分布 $\mathcal{N}(0, \sigma_\varepsilon^2)$ に従う確率変数とする．多項式の最大次数 k が既知であれば 3.1 節の問題の一つと見なせるが，k が未知の場合にはモデルが未知の設定ということになる．この場合，基底関数の集合は $\phi_1(x) = x, \phi_2(x) = x^2, \ldots$ であり，その組合せの候補は $\{\phi_1\}, \{\phi_1, \phi_2\}, \ldots, \{\phi_1, \phi_2, \ldots, \phi_k\}$ である．すなわち確率モデルの候補は

$$\begin{aligned}
\underset{\sim}{y} &= \beta_0 + \beta_1 x + \underset{\sim}{\varepsilon} \\
\underset{\sim}{y} &= \beta_0 + \beta_1 x + \beta_2 x^2 + \underset{\sim}{\varepsilon} \\
&\vdots \\
\underset{\sim}{y} &= \beta_0 + \beta_1 x + \cdots + \beta_k x^k + \underset{\sim}{\varepsilon}
\end{aligned}$$

[†2] 詳細は次の論文を参照：Park, T., and Casella, G., “The bayesian lasso,” Journal of the American Statistical Association, 103(482), 681-686, 2008.

となる．なお，多項式の最大次数をいくらでも大きくとれるようにしてしまうと，有限個のパラメータで表現できなくなってしまうため，次数のとりうる範囲の最大値はわかっているものとする．以降も基底関数の集合は有限の集合であることを仮定する．

重回帰における変数選択

p 個の説明変数 $x_1, \ldots, x_p$ と目的変数 y に対して次のような確率モデルを仮定する．

$$\underset{\sim}{y} = \beta_0 + \beta_1 x_{i_1} + \beta_2 x_{i_2} + \cdots + \beta_{p^*} x_{i_{p^*}} + \underset{\sim}{\varepsilon} \tag{3.12}$$

ここで $\{i_1, i_2, \ldots, i_{p^*}\}$ は $\{1, 2, \ldots, p\}$ の部分集合であるが，データ分析者には未知であるとする．つまり p 個の説明変数のうち，y の生成過程に寄与しているのは一部のみだが，どの変数が寄与しているかはわからない設定である．これは基底関数の集合が $\phi_1(\boldsymbol{x}) = x_1, \phi_2(\boldsymbol{x}) = x_2, \ldots, \phi_p(\boldsymbol{x}) = x_p$ であり，モデルが未知の設定として表現できる．この場合，確率モデルの候補は

$$\begin{aligned}
&\underset{\sim}{y} = \beta_0 + \beta_1 x_1 + \underset{\sim}{\varepsilon} \\
&\underset{\sim}{y} = \beta_0 + \beta_2 x_2 + \underset{\sim}{\varepsilon} \\
&\vdots \\
&\underset{\sim}{y} = \beta_0 + \beta_1 x_1 + \beta_2 x_2 + \cdots + \beta_p x_p + \underset{\sim}{\varepsilon}
\end{aligned}$$

のように 2^p 個存在する．

モデルが未知の設定では，目的変数に寄与すると考えられる基底関数の組合せをデータから特定するという問題が考えられる．そこで基底関数の組合せを表す変数を導入する．この変数のことを**モデル**ということが多いため，慣習に従い本シリーズでもモデルと呼ぶことにする．例えば，基底関数の集合が $\{\phi_1, \phi_2\}$ であるとき，基底関数の集合の部分集合としては $\emptyset, \{\phi_1\}, \{\phi_2\}, \{\phi_1, \phi_2\}$ の 4 種類が考えられる．ここで $\emptyset$ はどの基底関数も目的変数に寄与しないことを表す．この場合，モデルの候補は 4 つである．モデルの候補全体を $\mathcal{M}$ で表し，その要素は m や添え字をつけて m_j などと表すこととする．例えば先ほどの例では，$m_1 = \emptyset$，$m_2 = \{\phi_1\}$，$m_3 = \{\phi_2\}$，$m_4 = \{\phi_1, \phi_2\}$，

$\mathcal{M} = \{m_1, m_2, m_3, m_4\}$ のように表すことができる．またモデル m に含まれる基底関数の個数を d_m とし，その基底関数を $\{\phi_{m,1}, \ldots, \phi_{m,d_m}\}$ と表すことにする．上記の例においては $d_{m_4} = 2$ で $\{\phi_{m_4,1}, \phi_{m_4,2}\} = \{\phi_1, \phi_2\}$ である．

少し話が逸れるが，ここで上述の「モデル」という用語について説明を加えておきたい．これまでにも我々は「確率モデル」という用語を用いてきたが，これは原則として確率的データ生成観測メカニズムを表現する数理モデルという意味で用いていた．上記で導入したモデルは，この意味での確率モデルの一部ではあるが，モデルが 1 つに決まっても確率的データ生成観測メカニズムが 1 つに定まるわけではない点に注意されたい．確率的データ生成観測メカニズムは，モデルが 1 つに定まり，そのモデルのもとでのパラメータが 1 つに定まることで，条件付き確率分布 $p(y|x_1, \ldots, x_p)$ が 1 つに定まることで定義される．本書では以降，単にモデルといったときには，上記で導入した基底関数の集合の部分集合を表すこととする．

話をもとに戻そう．モデルが未知の場合，モデルを 1 つに決めても確率的データ生成観測メカニズムは 1 つに定まらず，そのモデルのもとでのパラメータが決まって初めて確率的データ生成観測メカニズムが 1 つに定まる．先ほどの例でいえば，モデルとして m_4 を考えた場合，パラメータ $\beta_0, \beta_1, \beta_2$ が決まることで確率的データ生成観測メカニズムが定まる．このときモデルによって含まれるパラメータが異なるので，モデルごとに異なるパラメータを記述する必要がある．そこで，モデル m に含まれるパラメータベクトルを $\boldsymbol{\beta}_m$ と表現することにする．先ほどの例では $\boldsymbol{\beta}_{m_4} = [\beta_0, \beta_1, \beta_2]^\top$ である．モデル m とそのもとでのパラメータ $\boldsymbol{\beta}_m$ が決まると，$\boldsymbol{x}$ が与えられたもとでの $\underset{\sim}{y}$ の条件付き分布 $p(y|\boldsymbol{x}, m, \boldsymbol{\beta}_m)$ は

$$p(y|\boldsymbol{x}, m, \boldsymbol{\beta}_m) = \frac{1}{\sqrt{2\pi\sigma_\varepsilon^2}} \exp\left(-\frac{1}{2\sigma_\varepsilon^2}(y - \boldsymbol{\beta}_m^\top \boldsymbol{\phi}_m)\right) \tag{3.13}$$

と表される．ここで $\boldsymbol{\phi}_m$ はモデル m のもとでの基底関数の $\boldsymbol{x}$ における値を並べたベクトルで，例えば先ほどの例では $\boldsymbol{\phi}_{m_4} = [1, \phi_1(\boldsymbol{x}), \phi_2(\boldsymbol{x})]$ である．

3.3　構造推定を目的としたモデル選択

モデルが未知の設定では，データからモデルを推定するという問題が考えられる．説明変数と目的変数が存在する問題設定では，説明変数を固定して考える場合と，確率変数として考える場合があることをデータ科学入門 II で説明したが，ここでは説明変数を確率変数として考えることにする．データからモデルを推定する問題は，データ $\underset{\sim}{D}^n = \left\{(\underset{\sim}{\boldsymbol{x}}_1, \underset{\sim}{y}_1), \ldots, (\underset{\sim}{\boldsymbol{x}}_n, \underset{\sim}{y}_n)\right\}$ を入力としてモデル $m \in \mathcal{M}$ を出力する意思決定写像を構築する問題といえる．そのような問題は**モデル選択**問題と呼ばれる．構造推定を目的としたモデル選択の意思決定写像は**図 3.2** のように表される．ここでは構造推定を目的としたモデル選択全般の意思決定写像の概要を示しているため，まだ評価基準については書かれていない．この時点でデータ分析者はモデルの候補の集合 $\mathcal{M}$ を設定しておく必要がある点に注意されたい．すなわち，以後説明するモデル選択の意思決定写像はあくまで $\mathcal{M}$ の中で何らかの評価基準において最良のものを選択するものである．意思決定写像が有益なものとなるためにはモデルの候補の集合 $\mathcal{M}$ の設計が非常に重要であり，そのためには解こうとしている問題やデータに関する背景知識が不可欠である．

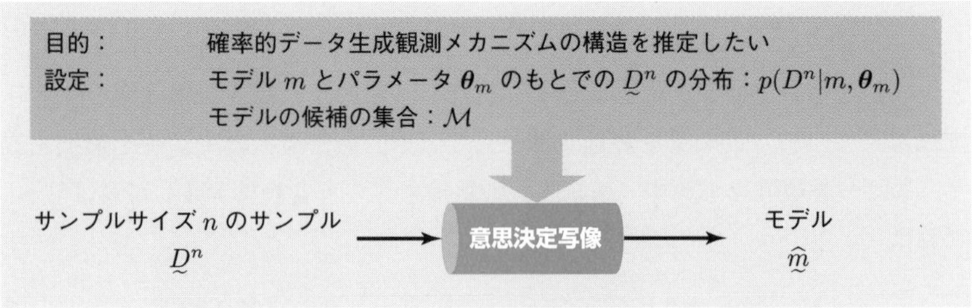

図 3.2　構造推定を目的としたモデル選択の意思決定写像

3.3.1　一致性を評価基準としたモデル選択

モデル選択の問題を考えるときに，どのような評価基準が考えられるであろうか．パラメータ推定の問題では尤度関数の値を評価基準として，それを最大化する最尤推定という推定法があった．しかし，最尤推定の考え方をモデル選択に応用しようとすると，すぐに困難にぶつかる．というのも，モデルが未知の設定では，モデルだけではなくモデルのもとでのパラメータまで決めないと確率的データ生成観測メカニズムが 1 つに決まらないため，モデルのもとでの尤度というものが定義できない．一方でモデル m とパラメータ $\boldsymbol{\beta}_m$ に対して尤度関数は定義できるため，それぞれのモデルのもとでのパラメータ $\boldsymbol{\beta}_m$ の最尤推定を考えることはできる．モデルを 1 つに固定した場合，モデルが既知の設定に帰着することを考えると，各モデル m のもとでの $\boldsymbol{\beta}_m$ の最尤推定量は

$$\widehat{\boldsymbol{\beta}}_{\sim m,\mathrm{ML}} = (\boldsymbol{\Phi}_m^\top \boldsymbol{\Phi}_m)^{-1} \boldsymbol{\Phi}_m^\top \underset{\sim}{y} \tag{3.14}$$

となる．ここで，

$$\boldsymbol{\Phi}_m = \begin{bmatrix} 1 & \phi_{m,1}(\boldsymbol{x}_1) & \cdots & \phi_{m,d_m}(\boldsymbol{x}_1) \\ 1 & \phi_{m,1}(\boldsymbol{x}_2) & \cdots & \phi_{m,d_m}(\boldsymbol{x}_2) \\ \vdots & \vdots & \ddots & \vdots \\ 1 & \phi_{m,1}(\boldsymbol{x}_n) & \cdots & \phi_{m,d_m}(\boldsymbol{x}_n) \end{bmatrix} \tag{3.15}$$

である．

各モデル m のもとでのパラメータの最尤推定量 $\widehat{\boldsymbol{\beta}}_{\sim m,\mathrm{ML}}$ が定義できたので，モデル m の良さを

$$\log p(\boldsymbol{y}|\boldsymbol{X}, m, \widehat{\boldsymbol{\beta}}_{\sim m,\mathrm{ML}}) \tag{3.16}$$

という量で測ればよいと考えるかもしれない．この量は**最大対数尤度**などと呼ばれる．しかし，この量を評価基準として，その値が最大のモデルを選択すると，常に一番複雑なモデル（基底関数の候補すべてを含むモデル）が選ばれる．これは

$$\log p(\boldsymbol{y}|\boldsymbol{X}, m, \widehat{\boldsymbol{\beta}}_{\sim m,\mathrm{ML}}) = -\frac{n}{2}\log(2\pi\sigma_\varepsilon^2) - \frac{1}{2\sigma_\varepsilon^2}\|\boldsymbol{y} - \boldsymbol{X}\widehat{\boldsymbol{\beta}}_{\sim m,\mathrm{ML}}\|_2^2 \tag{3.17}$$

となり，最大対数尤度が最大のモデルを選択することは，2 乗誤差の値が一番小さくなるモデルを選択することと等価となり，複雑なモデルを選ぶほど 2 乗誤差の値が小さくなるからである．

パラメータを推定する際の評価基準としては，尤度以外に，推定量の不偏性や一致性などが考えられる．そこで次に，モデル選択の評価基準として一致性を採用することを考える．そのために，データを生成する真のモデル m^* とそ

のモデルのもとでの真のパラメータ $\boldsymbol{\beta}^*_{m^*}$ があると仮定する．モデル選択における一致性とは，意思決定写像の出力 $\widehat{\underset{\sim}{m}} = d(\underset{\sim}{D}^n)$ が以下の性質を持つことである．

$$\lim_{n\to\infty} \Pr\left\{\widehat{\underset{\sim}{m}} = m^*\right\} = 1 \tag{3.18}$$

前の段落で述べたように最大対数尤度を評価基準としたモデル選択では常に一番複雑なモデルが選ばれるため，真のモデルが一番複雑なモデルである場合しか一致性を持たない．そこで天下り的ではあるが，次のような量を考える．

$$\log p(\boldsymbol{y}|\boldsymbol{X}, m, \widehat{\underset{\sim}{\boldsymbol{\beta}}}_{m,\mathrm{ML}}) - \frac{d_m + 1}{2}\log n \tag{3.19}$$

$(d_m + 1)$ はモデル m に含まれるパラメータの数であるため，第 2 項はモデルが複雑になるほど大きくなり，それが最大対数尤度から引かれているので，第 2 項はモデルの複雑さに対するペナルティの役割をはたす．よって式 (3.19) を最大にするモデルを選択することにより，ある程度複雑さが抑えられたモデルが選ばれることが期待される．一般的には歴史的な経緯から，式 (3.19) を -2 倍した

$$BIC(m) = -2\log p(\boldsymbol{y}|\boldsymbol{X}, m, \widehat{\underset{\sim}{\boldsymbol{\beta}}}_{m,\mathrm{ML}}) + (d_m + 1)\log n \tag{3.20}$$

という量を考え，これを最小にするモデルを選択するという方法が用いられる．式 (3.20) は **BIC**（Bayesian Information Criterion）と呼ばれる．この式の意味をもう少し深く理解するために次のような実験を行ってみよう．目的変数 $\underset{\sim}{y}$ と 1 つの説明変数 $\underset{\sim}{x}$ があり，その基底関数の候補として $\phi_1(\underset{\sim}{x}) = \underset{\sim}{x}, \phi_2(\underset{\sim}{x}) = \underset{\sim}{x}^2, \ldots, \phi_{10}(\underset{\sim}{x}) = \underset{\sim}{x}^{10}$ があるとする．各基底関数を含むか含まないかによってモデルを構築すると $2^{10} = 1024$ 通りあるため，以下のモデルをモデルの候補とする．

$$\begin{aligned}
&m_1 : \beta_0 + \beta_1\underset{\sim}{x} + \underset{\sim}{\varepsilon}\\
&m_2 : \beta_0 + \beta_1\underset{\sim}{x} + \beta_2\underset{\sim}{x}^2 + \underset{\sim}{\varepsilon}\\
&m_3 : \beta_0 + \beta_1\underset{\sim}{x} + \beta_2\underset{\sim}{x}^2 + \beta_3\underset{\sim}{x}^3 + \underset{\sim}{\varepsilon}\\
&\vdots\\
&m_{10} : \beta_0 + \beta_1\underset{\sim}{x} + \beta_2\underset{\sim}{x}^2 + \cdots + \beta_{10}\underset{\sim}{x}^{10} + \underset{\sim}{\varepsilon}
\end{aligned} \tag{3.21}$$

確率的データ生成観測メカニズムを表現する真の確率モデルを

$$\underset{\sim}{y} = 1 + \underset{\sim}{x} + 0.1\underset{\sim}{x}^2 + 0.02\underset{\sim}{x}^3 + 0.05\underset{\sim}{x}^4 + 0.01\underset{\sim}{x}^5 + \underset{\sim}{\varepsilon} \tag{3.22}$$

とし，$\underset{\sim}{\varepsilon}$ は $\mathcal{N}(0,1)$ に従うとする．つまり，ここでは $m^* = m_5$，$\boldsymbol{\beta}^*_{m^*} = [1, 1, 0.1, 0.02, 0.05, 0.01]^\top$ である．また $\underset{\sim}{x}$ の分布 $p(x)$ は $\mathcal{N}(0,1)$ であるとする．**図 3.3** はこの確率的データ生成観測メカニズムで発生させたサンプルサイズ $n = 1000$ のサンプルに対する散布図である．このデータに対して m_1〜m_{10} の BIC(3.20) の第 1 項（最大対数尤度の -2 倍）を計算してグラフにプロットすると**図 3.4**(a) のようになる．先ほど述べたとおり，BIC の第 1 項は複雑なモデルほど，すなわち最大次数の大きいモデルほど小さくなる．一方，**図 3.4**(b) は BIC の第 1 項と第 2 項のグラフを並べてプロットしたものである．m_j に対して $d_{m_j} = j$ なので，式を見ればわかるように BIC の第 2 項は最大次数が大きいほど大きくなる．BIC の第 1 項は m_{10} で最小となり，第 2 項は m_1 で最小となるということは計算をする前からわかるが，実際に BIC を最小にする m は計算するまでわからない．このデータにおいて BIC を計算すると**図 3.4**(c) のようになり，この例では m_5 が BIC 最小のモデルとなる．

上記の例で BIC が最小のモデルが真のモデル m^* と一致したのはたまたまであり，実際に同じ条件で実験を何回も繰り返すと，BIC 最小のモデルは m^* と一致することもあれば一致しないこともある．しかし，サンプルサイズ n を

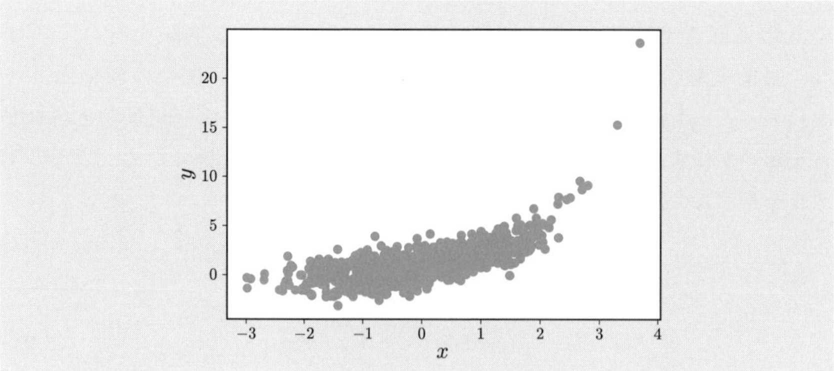

図 3.3　$\underset{\sim}{x}$ を $\mathcal{N}(0,1^2)$ に従い発生させ $\underset{\sim}{y}$ を式 (3.22) に従い発生させたサンプルサイズ $n = 100$ のサンプルに対する散布図

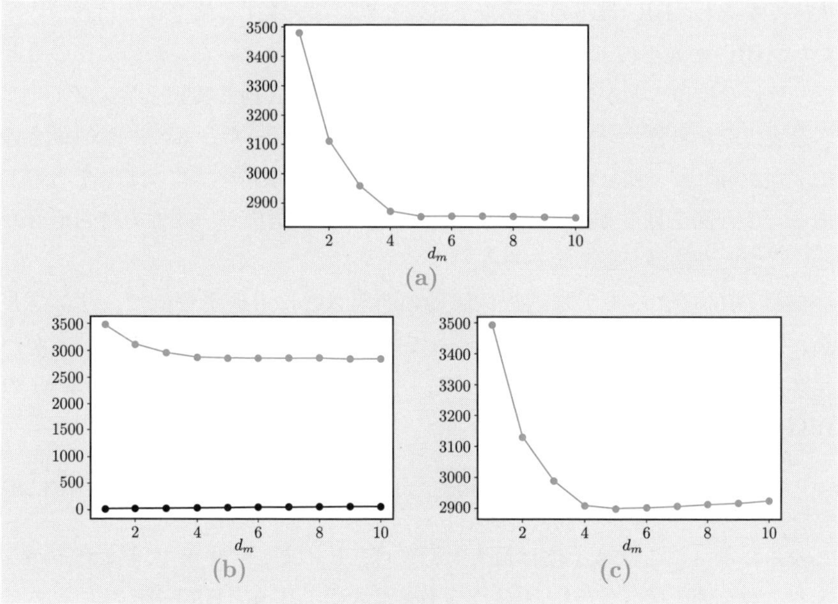

図 3.4　図 3.3 のデータに対する BIC(3.20) の (a)：第 1 項，(b)：第 1 項と第 2 項，(c)：第 1 項＋第 2 項

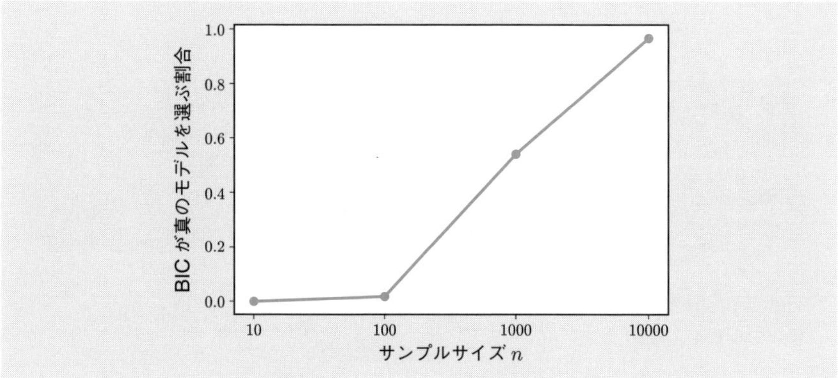

図 3.5　1000 回実験を行ったときに BIC 最小のモデルが真のモデルと一致する割合

大きくすると，BIC 最小のモデルが真のモデルと一致する確率は 1 に近づいていく．BIC が最小のモデルを $\underset{\sim}{\widehat{m}}$ とする意思決定写像はいくつかの条件のもとで一致性を持つことが知られている．**図 3.5** は上記と同じ実験をサンプルサイズを変えながら各サンプルサイズで 1000 回実験を行ったときの，BIC 最小のモデルが m^* と一致した割合（$\Pr(\underset{\sim}{\widehat{m}} = m^*)$ の推定値）をプロットしたものである．この図を見ると確かに BIC に基づくモデル選択が一致性を持ちそうだということが納得できるであろう．

なお BIC によるモデル選択は回帰の問題以外にも適用可能で，サンプル $\underset{\sim}{z}_1, \ldots, \underset{\sim}{z}_n$ が i.i.d. である分布に従っていて，モデル m のもとでの分布がパラメトリックな確率モデル $p(\boldsymbol{z}|m, \boldsymbol{\theta}_m)$ により記述されるとき，モデル m の BIC は

$$BIC(m) = -2\sum_{i=1}^{n} \log p(\boldsymbol{z}_i|m, \underset{\sim}{\widehat{\boldsymbol{\theta}}}_{m,\mathrm{ML}}) + k_m \log n \tag{3.23}$$

と表される．ここで第 1 項は最大対数尤度，k_m はモデル m に含まれるパラメータ数を表す[†3]．ただし BIC が定義できたとしても，BIC 最小化によるモデル選択が一致性を持つためにはいくつかの条件が必要である点に注意が必要である．一致性を評価基準とするモデル選択の意思決定写像は**図 3.6** のようになる．

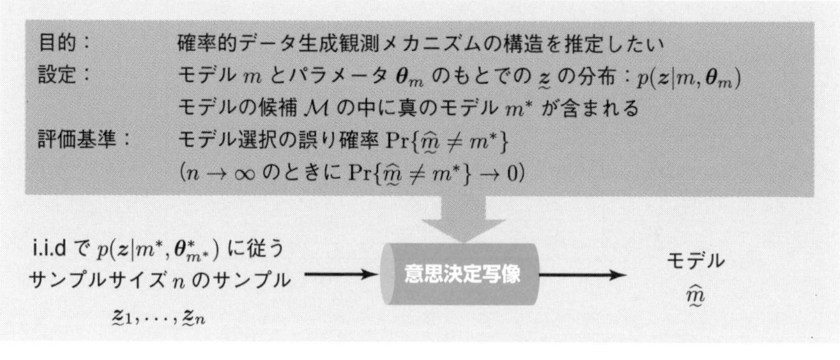

図 3.6　一致性を評価基準とするモデル選択の意思決定写像

[†3] 回帰分析の場合，定数項を含む回帰係数の個数 $(d_m + 1)$ がパラメータの数となる．なお，本書では簡単のため σ_ε^2 については既知であるとしているのでパラメータ数に含めていないが，これも最尤推定により推定する場合，パラメータ数は $(d_m + 2)$ となる．

3.3.2 ベイズ危険関数を評価基準としたモデル選択

データ科学入門 I やデータ科学入門 II において，パラメータ推定の問題に対するベイズ最適な推定法を扱った．モデル選択の問題においても同様にベイズ最適な方法を考えることができる．

まずはパラメータ推定のときと同様，損失関数を定義するところから始めよう．モデル選択の問題では，意思決定写像 d はデータ $\underset{\sim}{D}^n = ((\underset{\sim}{\boldsymbol{x}}_1, \underset{\sim}{y}_1), \dots, (\underset{\sim}{\boldsymbol{x}}_n, \underset{\sim}{y}_n))$ を入力としてモデル m を出力する．この場合，損失関数としては次のような 0-1 損失を考えるのが自然であろう．

$$\ell(d(\underset{\sim}{D}^n), m) = \begin{cases} 0 & \text{if } d(\underset{\sim}{D}^n) = m \\ 1 & \text{otherwise.} \end{cases} \tag{3.24}$$

つまり，意思決定写像の出力するモデルが m と一致していれば 0，一致していなければ 1 となる損失関数である．損失関数をサンプル $\underset{\sim}{D}^n$ について期待値をとったものが危険関数であった．

$$\begin{aligned} R(d, m, \boldsymbol{\beta}_m) = \int \dots \int & \ell(d(D^n), m) \\ & \times p(\boldsymbol{y}|\boldsymbol{x}_1, \dots, \boldsymbol{x}_n, m, \boldsymbol{\beta}_m) p(\boldsymbol{x}_1) \dots p(\boldsymbol{x}_n) \mathrm{d}\boldsymbol{y} \mathrm{d}\boldsymbol{x}_1 \dots \mathrm{d}\boldsymbol{x}_n \end{aligned} \tag{3.25}$$

損失関数が式 (3.24) の 0-1 損失のとき，この危険関数はモデル選択の誤り確率を表すと見なせる．

$$R(d, m, \boldsymbol{\beta}_m) = \Pr\left\{ d(\underset{\sim}{\boldsymbol{y}}, \underset{\sim}{\boldsymbol{x}}_1, \dots, \underset{\sim}{\boldsymbol{x}}_n) \neq m \right\} \tag{3.26}$$

パラメータ推定の問題と同様，危険関数をすべての $m, \boldsymbol{\beta}_m$ に対して最小にするような意思決定写像 d は一般的には存在しない．そこで，m と $\boldsymbol{\beta}_m$ に事前分布を仮定し，危険関数を平均的に最小化するベイズ最適な意思決定写像を考えることにする．このとき，$\boldsymbol{\beta}_m$ はモデル m によって含まれるパラメータが異なるので，事前分布としては，まずモデル m に対して $p(m)$ という事前分布を仮定し，各モデル m のもとでのパラメータ $\boldsymbol{\beta}_m$ の事前分布 $p(\boldsymbol{\beta}_m|m)$ を仮定するという，階層的な構造を持った事前分布を仮定する．するとベイズ危険関数 $BR(d)$ は

$$BR(d) = \sum_{m \in \mathcal{M}} p(m) \int R(d, m, \boldsymbol{\beta}_m) p(\boldsymbol{\beta}_m | m) \mathrm{d}\boldsymbol{\beta}_m \tag{3.27}$$

と定義される．導出は省略するが，損失関数として式 (3.24) の 0-1 損失を仮定した場合，ベイズ最適な意思決定写像は

$$d^*(D^n) = \arg\max_{m \in \mathcal{M}} p(m|D^n) \tag{3.28}$$

で与えられる．$p(m|D^n)$ はモデル m の**事後確率**と呼ばれ，以下の式で計算される．

$$p(m|D^n) = \frac{p(D^n|m)p(m)}{\sum_{m \in \mathcal{M}} p(D^n|m)p(m)} \tag{3.29}$$

上記の式において $p(D^n|m)$ は次のように計算される．

$$p(D^n|m) = p(\boldsymbol{x}_1, \ldots, \boldsymbol{x}_n) \int p(\boldsymbol{y}|\boldsymbol{x}_1, \ldots, \boldsymbol{x}_n, \boldsymbol{\beta}_m, m) p(\boldsymbol{\beta}_m|m) \mathrm{d}\boldsymbol{\beta}_m \tag{3.30}$$

この量はモデル m のサンプル $\underset{\sim}{D}^n$ に対する尤度と見ることができ，$\boldsymbol{\beta}_m$ について周辺化をして得られることからモデル m の**周辺尤度**と呼ばれる[†4]．3.3.1 項の初めに，「モデル m の尤度が定義できない」と書いたが，ここでは $\underset{\sim}{\boldsymbol{\beta}}_m$ も確率変数であると考え，事前分布 $p(\boldsymbol{\beta}_m|m)$ を導入したことで，モデル m の尤度というものを考えることができるようになった．モデル m を推定するという問題においては，ある意味 $\underset{\sim}{\boldsymbol{\beta}}_m$ は推定する必要のないパラメータであるが，すべての変数を確率変数として扱うベイズ的な枠組みでは周辺化という操作によりこの変数を消去することができる．これはベイズ的なアプローチの利点の一つである．モデルの事前確率 $p(m)$ が等確率，すなわち $p(m) = \frac{1}{|\mathcal{M}|}$ のときには周辺尤度最大のモデルが事後確率最大のモデルとなる．

式 (3.29) に式 (3.30) を代入すると，分母の和のすべての項と分子に $p(\boldsymbol{x}_1, \ldots, \boldsymbol{x}_n)$ が共通で現れるため，約分することで，事後確率は

$$p(m|D^n) = \frac{p(m) \int p(\boldsymbol{y}|\boldsymbol{x}_1, \ldots, \boldsymbol{x}_n, \boldsymbol{\beta}_m, m) p(\boldsymbol{\beta}_m|m) \mathrm{d}\boldsymbol{\beta}_m}{\sum_{m \in \mathcal{M}} p(m) \int p(\boldsymbol{y}|\boldsymbol{x}_1, \ldots, \boldsymbol{x}_n, \boldsymbol{\beta}_m, m) p(\boldsymbol{\beta}_m|m) \mathrm{d}\boldsymbol{\beta}_m} \tag{3.31}$$

のように計算される．よって，すべてのモデル $m \in \mathcal{M}$ に対して

[†4] 機械学習の分野ではエビデンスやモデルエビデンスと呼ばれることもある．

$\int p(\boldsymbol{y}|\boldsymbol{x}_1,\ldots,\boldsymbol{x}_n,\boldsymbol{\beta}_m,m)p(\boldsymbol{\beta}_m|m)\mathrm{d}\boldsymbol{\beta}_m$ が計算できれば，モデル m の事後確率を計算できることになる．一般的に，この積分を解析的に計算することはできないが，事前分布 $p(\boldsymbol{\beta}_m|m)$ に多変量正規分布を仮定した場合には解析的に計算することができる．$p(\boldsymbol{\beta}_m|m)$ が多変量正規分布 $\mathcal{N}(\mathbf{0},\sigma_\beta^2\boldsymbol{I}_{d_m+1})$ であると仮定すると，

$$\int p(\boldsymbol{y}|\boldsymbol{x}_1,\ldots,\boldsymbol{x}_n,\boldsymbol{\beta}_m,m)p(\boldsymbol{\beta}_m|m)\mathrm{d}\boldsymbol{\beta}_m = \left(\frac{1}{2\pi\sigma_\varepsilon^2}\right)^{\frac{n}{2}}\left(\frac{1}{\sigma_\beta^2}\right)^{\frac{d_m+1}{2}} \times (\det\boldsymbol{A})^{-\frac{1}{2}}\exp\left(-\frac{1}{2\sigma_\varepsilon^2}\|\boldsymbol{y}-\boldsymbol{\Phi}_m\boldsymbol{\mu}_m\|_2^2-\frac{1}{2\sigma_\beta^2}\boldsymbol{\mu}_m^\top\boldsymbol{\mu}_m\right), \quad (3.32)$$

$$\boldsymbol{A} = \frac{1}{\sigma_\beta^2}\boldsymbol{I}_{d_m+1}+\frac{1}{\sigma_\varepsilon^2}\boldsymbol{\Phi}_m^\top\boldsymbol{\Phi}_m, \quad (3.33)$$

$$\boldsymbol{\mu}_m = \frac{1}{\sigma_\varepsilon^2}\boldsymbol{A}^{-1}\boldsymbol{\Phi}^\top\boldsymbol{y} \quad (3.34)$$

と計算することができる[†5]．ここで $\det\boldsymbol{A}$ は行列 $\boldsymbol{A}$ の行列式の値を表す．**図 3.7** は**図 3.3** のデータに対して式 (3.21) の $m_1\sim m_{10}$ のモデルの周辺尤度を計算し，対数をとって -1 倍した値をプロットしたものである．ただし $\sigma_\beta^2=1$ として計算を行った．この図から m_5 が周辺尤度最大となっていることがわかる．

さて，**図 3.4**(c) と**図 3.7** を見比べると，非常によく似た形状をしているが，これは偶然であろうか？ 実はこれは偶然ではない．周辺尤度の説明において，一般的には積分を解析的に計算することはできないということを述べた．そこで，この周辺尤度を近似的に計算することを考えよう．いくつかの条件のもと，周辺尤度の対数は $n\to\infty$ のとき次のように近似することができる．

$$\begin{aligned}&\log\int p(\boldsymbol{y}|\boldsymbol{x}_1,\ldots,\boldsymbol{x}_n,\boldsymbol{\beta}_m,m)p(\boldsymbol{\beta}_m|m)\mathrm{d}\boldsymbol{\beta}_m\\&\approx\log p(\boldsymbol{y}|\boldsymbol{x}_1,\ldots,\boldsymbol{x}_n,m,\widehat{\underset{\sim}{\boldsymbol{\beta}}}_{m,\mathrm{ML}})+\log p(\widehat{\underset{\sim}{\boldsymbol{\beta}}}_{m,\mathrm{ML}})\\&\quad+\frac{d_m+1}{2}\log 2\pi-\frac{d_m+1}{2}\log n-\log\left(\det(J(\widehat{\underset{\sim}{\boldsymbol{\beta}}}_{m,\mathrm{ML}}))\right)\end{aligned} \quad (3.35)$$

[†5] 導出は例えば文献 [1] を参照されたい．

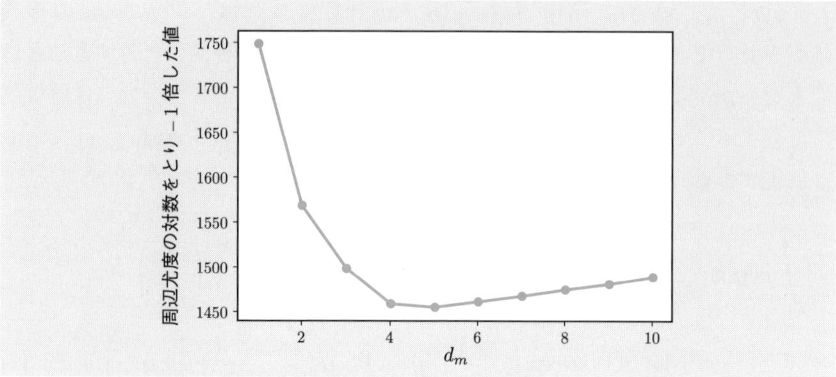

図 3.7 図 3.3 のデータに対して各モデルの周辺尤度を計算し対数をとって -1 倍した値のプロット

ここで，$\underset{\sim}{\widehat{\boldsymbol{\beta}}}_{m,\mathrm{ML}}$ は $\boldsymbol{\beta}_m$ の最尤推定量，$J(\underset{\sim}{\widehat{\boldsymbol{\beta}}}_{m,\mathrm{ML}})$ は対数尤度を $\boldsymbol{\beta}_m$ に関して 2 階微分して最尤推定量で評価した行列を n で割って得られる行列である．この式において $n \to \infty$ としたとき，いくつかの仮定のもと $\log p(\underset{\sim}{\widehat{\boldsymbol{\beta}}}_{m,\mathrm{ML}}), \frac{d_m+1}{2}\log 2\pi, \log\left(\det(J(\underset{\sim}{\widehat{\boldsymbol{\beta}}}_{m,\mathrm{ML}}))\right)$ は n に依存しない定数となるため，これらの項を除くと周辺尤度の対数の $\frac{1}{n}$ 倍は

$$
\begin{aligned}
&\frac{1}{n}\log\int p(\boldsymbol{y}|\boldsymbol{x}_1,\ldots,\boldsymbol{x}_n,\boldsymbol{\beta}_m,m)p(\boldsymbol{\beta}_m|m)\mathrm{d}\boldsymbol{\beta}_m \\
&\quad\approx \frac{1}{n}\log p(\boldsymbol{y}|\boldsymbol{x}_1,\ldots,\boldsymbol{x}_n,m,\underset{\sim}{\widehat{\boldsymbol{\beta}}}_{m,\mathrm{ML}}) - \frac{d_m+1}{2n}\log n
\end{aligned}
\tag{3.36}
$$

のように近似される．右辺を $-2n$ 倍したものが BIC である．つまり BIC は周辺尤度を近似した量であるといえる．

BIC と同様，ベイズ危険関数を評価基準とした（モデルの事後確率に基づいた）モデル選択は回帰の問題以外にも適用可能で，モデル m の周辺尤度 $p(\boldsymbol{z}_1,\ldots,\boldsymbol{z}_n|m)$ さえ計算できれば，ベイズの定理からモデルの事後確率が計算できる．しかしほとんどの場合，周辺尤度を解析的に求めることはできないため，MCMC 法や変分法などによる近似計算が必要となる．ベイズ危険関数を評価基準としたモデル選択の意思決定写像は**図 3.8** のようになる．

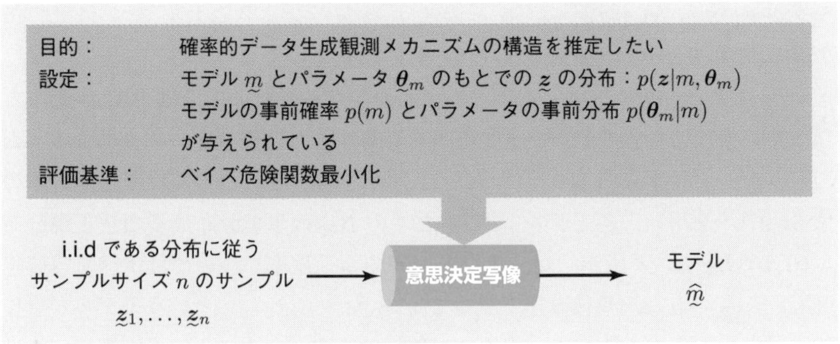

図 3.8　ベイズ危険関数を評価基準としたモデル選択の意思決定写像

3.3.3　仮説検定の誤り率を評価基準としたモデル選択

データ科学入門 II において，各母回帰係数 β_j について $H_0 : \beta_j = 0$, $H_1 : \beta_j \neq 0$ と設定して仮説検定を行う方法について説明した．この方法についても計画行列を $\boldsymbol{X}$ から $\boldsymbol{\Phi}$ に変更することで，基底関数を用いる設定に適用することができる．それならば，すべての基底関数を用いるモデルを用意しておいて，各基底関数に対する回帰係数 β_j を順番に検定していき $H_0 : \beta_j = 0$ という帰無仮説が棄却された（$H_1 : \beta_j \neq 0$ という対立仮説が採択された）回帰係数のみを持つモデルを出力すればよいと思われるかもしれない．しかしこれもデータ科学入門 II において説明したように，検定の多重性の問題が生じて検定の誤りの制御が困難になるので注意が必要である．詳しくは多重比較，多重検定に関する文献を参照されたい．

3.3.4　データ分析例

2.3.1 項で扱った糖尿病に関するデータについて，以下のモデルを考える．

$$
\begin{aligned}
&m_1 : \beta_0 + \underset{\sim}{\varepsilon} \\
&m_2 : \beta_0 + \beta_1 \underset{\sim}{x}_1 + \underset{\sim}{\varepsilon} \\
&m_3 : \beta_0 + \beta_2 \underset{\sim}{x}_2 + \underset{\sim}{\varepsilon} \\
&\vdots \\
&m_{16} : \beta_0 + \beta_1 \underset{\sim}{x}_1 + \beta_2 \underset{\sim}{x}_2 + \cdots + \beta_4 \underset{\sim}{x}_4 + \underset{\sim}{\varepsilon}
\end{aligned}
\tag{3.37}
$$

すなわち，説明変数 $\underset{\sim}{x}_1, \underset{\sim}{x}_2, \underset{\sim}{x}_3, \underset{\sim}{x}_4$ を含めるかどうかによりモデルが決まり，

モデルの候補 $\mathcal{M}$ は 2^4 で 16 個のモデルからなる．これらのすべてのモデルに対して BIC を計算すると**表 3.1** のようになる[†6]．このデータでは，$\underset{\sim}{y} = \beta_0 + \beta_2 \underset{\sim}{x}_2 + \beta_4 \underset{\sim}{x}_4 + \underset{\sim}{\varepsilon}$ というモデルがモデル候補の中では BIC が最小となっている．また各モデルの事後確率を計算すると，**表 3.2** のようになる．ただし，データ科学入門 II で分析したときと同様，σ_ε^2 については不偏推定量の値 61.276^2 を用い，各モデル m のもとでの $\underset{\sim}{\boldsymbol{\beta}}_m$ の事前分布は多変量正規分布 $\mathcal{N}(\mathbf{0}, 10^3 \boldsymbol{I}_{d_m+1})$ と設定した．またモデルの事前確率についてはすべて等確率 $p(m) = \frac{1}{16}$ とした．事後確率で見ると $\underset{\sim}{y} = \beta_0 + \beta_2 \underset{\sim}{x}_2 + \underset{\sim}{\varepsilon}$ というモデルが事後確率最大のモデルとなっていることが確認できる．このように最適なモデルはどのような評価基準を用いるかによって異なることに注意されたい．

表 3.1 糖尿病に関するデータに関する 16 個のモデルの BIC．モデルはモデルに含まれる変数の集合を記載している．

$\{\emptyset\}$	5100.423	$\{\underset{\sim}{x}_2, \underset{\sim}{x}_3\}$	4923.215
$\{\underset{\sim}{x}_1\}$	5090.629	$\{\underset{\sim}{x}_2, \underset{\sim}{x}_4\}$	**4906.940**
$\{\underset{\sim}{x}_2\}$	4920.221	$\{\underset{\sim}{x}_3, \underset{\sim}{x}_4\}$	5038.245
$\{\underset{\sim}{x}_3\}$	5086.184	$\{\underset{\sim}{x}_1, \underset{\sim}{x}_2, \underset{\sim}{x}_3\}$	4926.227
$\{\underset{\sim}{x}_4\}$	5036.604	$\{\underset{\sim}{x}_1, \underset{\sim}{x}_2, \underset{\sim}{x}_4\}$	4911.934
$\{\underset{\sim}{x}_1, \underset{\sim}{x}_2\}$	4921.898	$\{\underset{\sim}{x}_1, \underset{\sim}{x}_3, \underset{\sim}{x}_4\}$	5042.423
$\{\underset{\sim}{x}_1, \underset{\sim}{x}_3\}$	5083.441	$\{\underset{\sim}{x}_2, \underset{\sim}{x}_3, \underset{\sim}{x}_4\}$	4912.572
$\{\underset{\sim}{x}_1, \underset{\sim}{x}_4\}$	5039.693	$\{\underset{\sim}{x}_1, \underset{\sim}{x}_2, \underset{\sim}{x}_3, \underset{\sim}{x}_4\}$	4917.768

表 3.2 糖尿病に関するデータに関する 16 個のモデルの事後確率.

$\{\emptyset\}$	4.251×10^{-42}	$\{\underset{\sim}{x}_2, \underset{\sim}{x}_3\}$	2.736×10^{-3}
$\{\underset{\sim}{x}_1\}$	1.460×10^{-37}	$\{\underset{\sim}{x}_2, \underset{\sim}{x}_4\}$	1.346×10^{-1}
$\{\underset{\sim}{x}_2\}$	$\mathbf{8.458 \times 10^{-1}}$	$\{\underset{\sim}{x}_3, \underset{\sim}{x}_4\}$	6.045×10^{-27}
$\{\underset{\sim}{x}_3\}$	6.693×10^{-36}	$\{\underset{\sim}{x}_1, \underset{\sim}{x}_2, \underset{\sim}{x}_3\}$	4.337×10^{-5}
$\{\underset{\sim}{x}_4\}$	5.588×10^{-25}	$\{\underset{\sim}{x}_1, \underset{\sim}{x}_2, \underset{\sim}{x}_4\}$	1.220×10^{-3}
$\{\underset{\sim}{x}_1, \underset{\sim}{x}_2\}$	1.518×10^{-2}	$\{\underset{\sim}{x}_1, \underset{\sim}{x}_3, \underset{\sim}{x}_4\}$	1.095×10^{-28}
$\{\underset{\sim}{x}_1, \underset{\sim}{x}_3\}$	1.189×10^{-35}	$\{\underset{\sim}{x}_2, \underset{\sim}{x}_3, \underset{\sim}{x}_4\}$	3.902×10^{-4}
$\{\underset{\sim}{x}_1, \underset{\sim}{x}_4\}$	1.463×10^{-26}	$\{\underset{\sim}{x}_1, \underset{\sim}{x}_2, \underset{\sim}{x}_3, \underset{\sim}{x}_4\}$	3.744×10^{-6}

[†6] 説明では簡単のため σ_ε^2 を既知として説明したが，このデータ分析の例ではこれもパラメータとして扱って計算している．具体的には式 (3.20) の第 1 項において σ_ε^2 にその最尤推定値を代入し，第 2 項は $\frac{d_m+2}{2} \log n$ となる．

3.4　予測を目的としたモデル選択

データ科学入門 II では回帰分析における構造推定の問題（確率的データ生成観測メカニズムの特徴量を推定する問題）と予測の問題（同じ確率的データ生成観測メカニズムを仮定し，説明変数を観測したもとで未観測の目的変数の値を推定する問題）を扱った．ここではモデルが未知の場合における予測問題を扱う．モデルが既知の場合は，計画行列を $\boldsymbol{X}$ から $\boldsymbol{\Phi}$ に変更することでデータ科学入門 II の内容をそのまま適用できる．そこではまず構造推定，すなわちモデルのもとでのパラメータの推定を行い，その推定結果を利用して予測を行う間接予測と，構造推定を介さずにデータから予測を行う関数を構築する直接予測とがあった．モデルが未知の場合，ここに階層構造が 1 つ追加され，モデルを推定してから予測を行うか，モデルを推定せずに予測を行うかという視点が加わる．

3.4.1　間接予測と直接予測

まずはモデルが未知の場合の予測問題を数理的に記述しよう．モデルの集合 $\mathcal{M}$ と各モデル $m \in \mathcal{M}$ におけるパラメータ $\boldsymbol{\beta}_m$ を考える．モデル m とパラメータ $\boldsymbol{\beta}_m$ が決まると，それにより $\boldsymbol{x}$ のもとでの y の条件付き分布 $p(y|\boldsymbol{x}, m, \boldsymbol{\beta}_m)$ が定まる．具体的には

$$p(y|\boldsymbol{x}, m, \boldsymbol{\beta}_m) = \frac{1}{\sqrt{2\pi\sigma_\varepsilon^2}} \exp\left(-\frac{1}{2\sigma_\varepsilon^2}\left(y - \boldsymbol{\beta}_m^\top \boldsymbol{\phi}_m\right)^2\right) \tag{3.38}$$

と表される．サンプルサイズ n のサンプル $(\underset{\sim}{\boldsymbol{x}}_1, \underset{\sim}{y}_1), \ldots, (\underset{\sim}{\boldsymbol{x}}_n, \underset{\sim}{y}_n)$ を観測したもとで，$\underset{\sim}{\boldsymbol{x}}_{n+1}$ に対する $\underset{\sim}{y}_{n+1}$ の値（期待値）やその分布を予測する問題が予測問題である．

何らかの方法により m の推定値 $\widehat{m}$ と，そのもとでのパラメータの推定値 $\widehat{\boldsymbol{\beta}}_m$ が与えられれば，それらによって決まる $p(y|\boldsymbol{x}, \widehat{m}, \widehat{\boldsymbol{\beta}}_m)$ の $\boldsymbol{x}$ に $\underset{\sim}{\boldsymbol{x}}_{n+1}$ を代入したものを $\underset{\sim}{y}_{n+1}$ の分布の推定量とする方法が考えられる．本書ではこのように，確率的データ生成観測メカニズムを一度推定してから，その推定結果を用いて予測を行う方法を間接予測と呼ぶ．この後しばらくは間接予測に関する説明が続くが，本章の後半では，確率的データ生成観測メカニズムを 1 つに固定せずに予測を行う直接予測についても解説する．

（間接）予測のためのモデル選択の意思決定写像は**図 3.9** のように表される．上位の目的である $\underset{\sim}{\boldsymbol{x}}_{n+1}$ に対する $\underset{\sim}{y}_{n+1}$ を予測するために，m を推定している．なお m を推定するだけでは $\underset{\sim}{\boldsymbol{x}}_{n+1}$ のもとでの $\underset{\sim}{y}_{n+1}$ の条件付き分布は 1 つに定まらないため，図では $\boldsymbol{\beta}_m$ も推定する形で書いている[†7]．

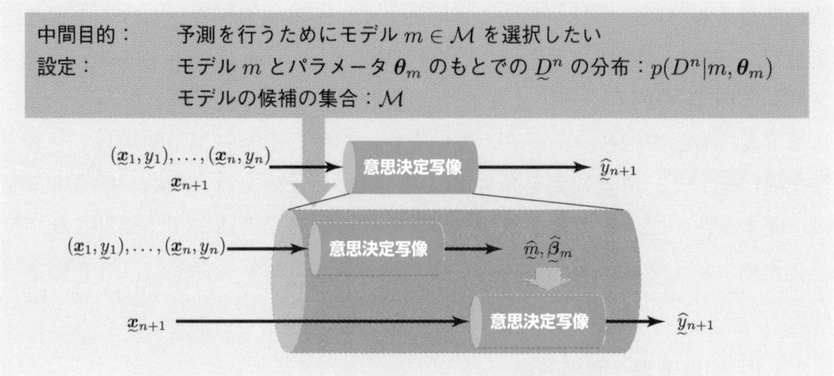

図 3.9　予測を目的としたモデル選択の意思決定写像

さて間接予測をするのであれば，特に新しい内容は何もないと思われるかもしれない．例えば BIC を最小化するモデル m を選び，そのもとでパラメータの最尤推定量 $\widehat{\boldsymbol{\beta}}_m$ を計算することで $p(y|\boldsymbol{x},\widehat{m},\widehat{\boldsymbol{\beta}}_m)$ が得られる．このような方法の問題点は，「モデル選択の基準が，予測を行うことを目的として考えられたものではない」ということである．いくつかの条件のもと，BIC に基づくモデル選択は一致性を持つことはすでに述べた．すなわち BIC に基づくモデル選択の誤り確率 (3.26) は $n \to \infty$ で 0 に近づく．また BIC が周辺尤度の近似と見なせるということを考えると，BIC によるモデル選択は暗に式 (3.24) の 0-1 損失を考えているともいえる．しかし，モデル選択の誤り確率や 0-1 損失に基づくベイズ危険関数の値が小さいモデルを選択できたとしても，予測に対する評価基準を小さくできるという保証はない．そこで次項からは，予測問題における評価基準を考え，その評価基準を（近似的に）最小化するモデル選択を考える．

[†7] 細かいことをいうと，m は推定するが $\boldsymbol{\beta}_m$ は推定しないという予測を考えることもできるが，m を推定する間接予測では $\boldsymbol{\beta}_m$ も推定することが多いため，本書ではそのような意思決定写像の説明は割愛する．

3.4.2 予測問題を対象とした評価基準に基づくモデル選択

予測問題を考えるとき，予測の対象である $\underset{\sim}{y}_{n+1}$ は確率変数であるため，具体的な推定の対象として，その期待値 $\mathbb{E}\left[\underset{\sim}{y}_{n+1}\right]$ や分布そのもの $p(y_{n+1}|\boldsymbol{x}_{n+1})$ など，様々なものが考えられる．ここでは分布そのもの $p(y_{n+1}|\boldsymbol{x}_{n+1})$ の推定を考える．これは，$(\underset{\sim}{\boldsymbol{x}}_1, \underset{\sim}{y}_1), \ldots, (\underset{\sim}{\boldsymbol{x}}_n, y_n), (\underset{\sim}{\boldsymbol{x}}_{n+1}, \underset{\sim}{y}_{n+1})$ が i.i.d. で $p(\boldsymbol{x}, y) = p(y|\boldsymbol{x})p(\boldsymbol{x})$ に従うとすれば，$p(y|\boldsymbol{x})$ を推定する問題といえる．

間接予測では，まずモデル m と，そのもとでのパラメータ $\boldsymbol{\beta}_m$ の推定値 $\widehat{m}$ と $\widehat{\boldsymbol{\beta}}_{\widehat{m}}$ を求め，それらに基づく $p(y_{n+1}|\boldsymbol{x}_{n+1}, \widehat{m}, \widehat{\boldsymbol{\beta}}_{\widehat{m}})$ を分布の推定値として出力する．では真の分布 $p(y_{n+1}|\boldsymbol{x}_{n+1}, m^*, \boldsymbol{\beta}^*_{m^*})$ があるときに $p(y_{n+1}|\boldsymbol{x}_{n+1}, \widehat{m}, \widehat{\boldsymbol{\beta}}_{\widehat{m}})$ を出力した場合の損失をどのように測ればよいだろうか？ このような場合に分布間の距離を測る尺度の一つに**カルバック–ライブラー（KL）情報量**がある．一般に分布 $p(x)$ と分布 $q(x)$ の間の KL 情報量は

$$KL(p(x)||q(x)) = \int p(x) \log \frac{p(x)}{q(x)} \mathrm{d}x \tag{3.39}$$

と定義される．$KL(p(x)||q(x))$ と $KL(q(x)||p(x))$ は等しくない点に注意が必要だが，$KL(p(x)||q(x))$ は常に非負の値となり，分布 p と分布 q が等しいときのみ 0 となるなど，距離と近い性質を持つことから，分布間の差異を測る尺度としてよく用いられる．

話をもとに戻すが，記述を簡単にするため $\boldsymbol{z} = (\boldsymbol{x}, y)$ とし，分布 $p(\boldsymbol{z})$ の推定問題を考える．$p(\boldsymbol{z}) = p(\boldsymbol{x}, y) = p(y|\boldsymbol{x})p(\boldsymbol{x})$ であるため $p(\boldsymbol{z}|m, \boldsymbol{\beta}_m) = p(y|\boldsymbol{x}, m, \boldsymbol{\beta}_m)p(\boldsymbol{x})$ となる．意思決定写像 $d(\boldsymbol{z}_1, \ldots, \boldsymbol{z}_n)$ の出力を m_d, $\boldsymbol{\beta}_d$ とするときに，KL 情報量を損失関数とすると，

$$\ell(m_d, \boldsymbol{\beta}_d, m^*, \boldsymbol{\beta}^*_{m^*}) = \mathrm{KL}(p(\boldsymbol{z}|m^*, \boldsymbol{\beta}^*_{m^*})||p(\boldsymbol{z}|m_d, \boldsymbol{\beta}_d)) \tag{3.40}$$

の m_d および $\boldsymbol{\beta}_d$ に関する最小化の問題を解くこととなる．ここで，

$$\begin{aligned}
&\mathrm{KL}(p(\boldsymbol{z}|m^*, \boldsymbol{\beta}^*_{m^*})||p(\boldsymbol{z}|m_d, \boldsymbol{\beta}_d)) \\
&= \int p(\boldsymbol{z}|m^*, \boldsymbol{\beta}^*_{m^*}) \log \frac{p(\boldsymbol{z}|m^*, \boldsymbol{\beta}^*_{m^*})}{p(\boldsymbol{z}|m_d, \boldsymbol{\beta}_d)} \mathrm{d}\boldsymbol{z} &(3.41)\\
&= \int p(\boldsymbol{z}|m^*, \boldsymbol{\beta}^*_{m^*}) \log p(\boldsymbol{z}|m^*, \boldsymbol{\beta}^*_{m^*}) \mathrm{d}\boldsymbol{z} - \int p(\boldsymbol{z}|m^*, \boldsymbol{\beta}^*_{m^*}) \log p(\boldsymbol{z}|m_d, \boldsymbol{\beta}_d) \mathrm{d}\boldsymbol{z} &(3.42)
\end{aligned}$$

となるが，第1項は m_d, $\boldsymbol{\beta}_d$ に依存しないため，これらの変数に関する最小化問題を考える上では無視してよい．よって，第2項を新たに損失関数として設定することとする．

$$\ell'(m_d, \boldsymbol{\beta}_d, m^*, \boldsymbol{\beta}^*_{m^*}) = -\int p(\boldsymbol{z}|m^*, \boldsymbol{\beta}^*_{m^*}) \log p(\boldsymbol{z}|m_d, \boldsymbol{\beta}_d) \mathrm{d}\boldsymbol{z} \tag{3.43}$$

危険関数はこれをサンプルについて期待値をとったものであり，

$$\begin{aligned} &R(m_d, \boldsymbol{\beta}_d, m^*, \boldsymbol{\beta}^*_{m^*}) \\ &\quad = \int \cdots \int \ell'(m_d, \boldsymbol{\beta}_d, m^*, \boldsymbol{\beta}^*_{m^*}) \prod_{i=1}^{n} p(\boldsymbol{z}_i|m^*, \boldsymbol{\beta}^*_{m^*}) \mathrm{d}\boldsymbol{z}_1 \cdots \mathrm{d}\boldsymbol{z}_n \end{aligned} \tag{3.44}$$

と表される．m_d や $\boldsymbol{\beta}_d$ は実際には $\boldsymbol{z}_1, \ldots, \boldsymbol{z}_n$ の関数である点に注意されたい（記述を簡単にするため省略している）．危険関数は真の m^* や $\boldsymbol{\beta}^*_{m^*}$ がわからないと計算できず，また危険関数をすべての m^*, $\boldsymbol{\beta}^*_{m^*}$ に対して最小にするような意思決定写像は存在しない．一つの解決策は m, $\boldsymbol{\beta}_m$ に事前分布を仮定し，危険関数を事前分布に関して期待値をとったベイズ危険関数を最小化するというものだが，ここでは別のアプローチを紹介する．それは

- 考える意思決定写像の範囲を狭めて問題を簡単にする
- 危険関数を最小化するかわりに，危険関数の推定値を求めて，その推定値を最小化する

という方法を組み合わせたものである．

まず1点目から説明しよう．いま考えている意思決定写像はモデル m とそのモデルのもとでのパラメータ $\boldsymbol{\beta}_m$ の両方を出力するものであるが，この両方についてあらゆる推定法を考えることは難しいため，パラメータ $\boldsymbol{\beta}_m$ の推定量については最尤推定量 $\underset{\sim}{\widehat{\boldsymbol{\beta}}}_{m,\mathrm{ML}}$ を使うことにしてしまう．振り返ってみると BIC によるモデル選択でもパラメータの推定量は最尤推定量を利用していた．このようにパラメータの推定量を最尤推定量に限定することで，評価基準の最小化はモデルについてのみ行えばよいことになる．ただし，このように意思決定写像の範囲を狭めてしまうと，本来解きたかった問題に対する最適性は失われてしまうことは理解しておく必要がある．パラメータの推定量を最尤推定量に限定すると，損失関数は

$$\ell'(m, \underset{\sim}{\widehat{\boldsymbol{\beta}}}_{m,\mathrm{ML}}, m^*, \boldsymbol{\beta}^*_{m^*}) = -\int p(\boldsymbol{z}|m^*, \boldsymbol{\beta}^*_{m^*}) \log p(\boldsymbol{z}|m, \underset{\sim}{\widehat{\boldsymbol{\beta}}}_{m,\mathrm{ML}}) \mathrm{d}\boldsymbol{z} \tag{3.45}$$

となり，危険関数は

$$R(m, \widehat{\underset{\sim}{\boldsymbol{\beta}}}_{m,\mathrm{ML}}, m^*, \boldsymbol{\beta}^*_{m^*}) = \int \cdots \int \ell'(m, \widehat{\underset{\sim}{\boldsymbol{\beta}}}_{m,\mathrm{ML}}, m^*, \boldsymbol{\beta}^*_{m^*}) \times \prod_{i=1}^{n} p(\boldsymbol{z}_i | m^*, \boldsymbol{\beta}^*_{m^*}) \mathrm{d}\boldsymbol{z}_1 \cdots \mathrm{d}\boldsymbol{z}_n \quad (3.46)$$

となる[†8]．パラメータの推定量を最尤推定量に限定することで，パラメータに関する最小化は考えずによくなり，モデルに関する最小化のみを考えればよいことになる．

パラメータの推定量を最尤推定量に限定しても式 (3.46) はデータを生成している真の m^*, $\boldsymbol{\beta}^*_{m^*}$ がわからないと計算できないし，またすべての m^*, $\boldsymbol{\beta}^*_{m^*}$ に対して式 (3.46) を最小化する m は存在しない．そこで式 (3.46) の推定量を考え，それを最小にする m を求めることにする．式 (3.46) の推定量として

$$-\frac{1}{n} \sum_{i=1}^{n} \log p(\boldsymbol{z}_i | m, \widehat{\underset{\sim}{\boldsymbol{\beta}}}_{m,\mathrm{ML}}) + \frac{d_m + 1}{n} \quad (3.47)$$

がよく用いられる．いくつかの条件のもとで，式 (3.47) は $n \to \infty$ で式 (3.46) の不偏推定量となることが知られている．すなわち式 (3.47) の値は $\underset{\sim}{z}_1, \ldots, \underset{\sim}{z}_n$ の値に応じてばらつくが，その期待値はサンプルサイズ n が十分大きいとき式 (3.46) に等しくなる．この性質は**漸近不偏性**と呼ばれる．

式 (3.46) と式 (3.47) の関係性を理解するために次のような実験を考えよう．20 個の説明変数 $\underset{\sim}{x}_1, \ldots, \underset{\sim}{x}_{20}$ と目的変数 y が存在し，データを生成している真の確率モデルは

$$\underset{\sim}{y} = 1 + \underset{\sim}{x}_1 + \underset{\sim}{x}_2 + \underset{\sim}{x}_3 + \underset{\sim}{\varepsilon} \quad (3.48)$$

で $\underset{\sim}{\varepsilon}$ は $\mathcal{N}(0, 1^2)$ に従うとする．また $\underset{\sim}{x}_1, \ldots, \underset{\sim}{x}_{20}$ も $\mathcal{N}(0, 1^2)$ に従うとする．これに対してモデルの候補 $\mathcal{M}$ は以下の $m_1, \ldots, m_{20}$ からなるとする．

[†8] ここで m_d を m に書き換えている．正確には m_d は $\boldsymbol{z}_1, \ldots, \boldsymbol{z}_n$ を入力として $\mathcal{M}$ の要素を出力する関数であるが，危険関数を最小化する m_d を求めるということは，任意の入力 $\boldsymbol{z}_1, \ldots, \boldsymbol{z}_n$ に対する m_d の出力を求めることになるため，各 $m \in \mathcal{M}$ に対して定義された危険関数の値を最小化することと同じこととなる．

$$
\begin{aligned}
&m_1 : \underset{\sim}{y} = \beta_0 + \beta_1 \underset{\sim}{x}_1 + \underset{\sim}{\varepsilon} \\
&m_2 : \underset{\sim}{y} = \beta_0 + \beta_1 \underset{\sim}{x}_1 + \beta_2 \underset{\sim}{x}_2 + \underset{\sim}{\varepsilon} \\
&m_3 : \underset{\sim}{y} = \beta_0 + \beta_1 \underset{\sim}{x}_1 + \beta_2 \underset{\sim}{x}_2 + \beta_3 \underset{\sim}{x}_3 + \underset{\sim}{\varepsilon} \\
&\vdots \\
&m_{20} : \underset{\sim}{y} = \beta_0 + \beta_1 \underset{\sim}{x}_1 + \beta_2 \underset{\sim}{x}_2 + \cdots + \beta_{20} \underset{\sim}{x}_{20} + \underset{\sim}{\varepsilon}
\end{aligned}
\tag{3.49}
$$

真の確率モデルは m_3 において $\beta_0 = \beta_1 = \beta_2 = \beta_3 = 1$ としたものである．真のモデルからサンプルサイズ $n = 100$ のサンプルを生成し，式 (3.46) の値を m を m_1 から m_{20} まで変化させて式 (3.46) の値を計算してプロットすると**図 3.10**(a) のようになる[†9]．真のモデル $m^* = m_3$ で最小値をとっているが，この計算は真の m^* と真の $\boldsymbol{\beta}^*_{m^*}$ を知らなければ実行できないことに注意されたい．一方で式 (3.47) の第 1 項の値（最大対数尤度の $-\frac{1}{n}$ 倍）$-\frac{1}{n}\sum_{i=1}^{n}\log p(\boldsymbol{z}_i|m,\widehat{\boldsymbol{\beta}}_{m,\mathrm{ML}})$ は得られるサンプル $\underset{\sim}{\boldsymbol{z}}_1,\ldots,\underset{\sim}{\boldsymbol{z}}_{100}$ のみから計算することができる．この式の値は $\underset{\sim}{\boldsymbol{z}}_1,\ldots,\underset{\sim}{\boldsymbol{z}}_{100}$ によって決まるので，サンプリングをするごとに異なる値となる．そこで 1000 回サンプリングを繰り返して各サンプルに対して $-\frac{1}{n}\sum_{i=1}^{n}\log p(\boldsymbol{z}_i|m,\widehat{\boldsymbol{\beta}}_{m,\mathrm{ML}})$ を計算してプロットすると**図 3.10**(b) のようになる．**図 3.10**(b) には**図 3.10**(a) で計算した危険関数の値もプロットしてある．$-\frac{1}{n}\sum_{i=1}^{n}\log p(\boldsymbol{z}_i|m,\widehat{\boldsymbol{\beta}}_{m,\mathrm{ML}})$ の値はサンプルによって異なる値をとるためばらつくが，重要なのはこの値が危険関数の値を中心にばらついていないということである．特に変数の多いモデル（m_{19} や m_{20}）においては $-\frac{1}{n}\sum_{i=1}^{n}\log p(\boldsymbol{z}_i|m,\widehat{\boldsymbol{\beta}}_{m,\mathrm{ML}})$ は危険関数よりも小さい値を中心にばらついている．すなわち $-\frac{1}{n}\sum_{i=1}^{n}\log p(\boldsymbol{z}_i|m,\widehat{\boldsymbol{\beta}}_{m,\mathrm{ML}})$ は危険関数の不偏推定量にはなっていないことが予想できる．一方，$-\frac{1}{n}\sum_{i=1}^{n}\log p(\boldsymbol{z}_i|m,\widehat{\boldsymbol{\beta}}_{m,\mathrm{ML}})$ に $\frac{d_m+1}{n}$ を加えた式 (3.47) を計算してプロットすると**図 3.10**(c) のようになる．先ほどとは異なり，式 (3.47) の値は危険関数に近い値を中心にばらついている．式 (3.47) が危険関数の漸近不偏推定量であるというのは，サンプルサイズ n が十分に大きいとき，式 (3.47) が危険関数の値を中心にばらつくということを理論的に保証するものである．

[†9] 式 (3.46) を計算しようとすると $\underset{\sim}{\boldsymbol{z}}_1,\ldots,\underset{\sim}{\boldsymbol{z}}_{100}$ に関する積分計算が必要となるが，この数値積分を計算するのは計算量的に難しいため，モンテカルロシミュレーションにより近似的に計算を行った．

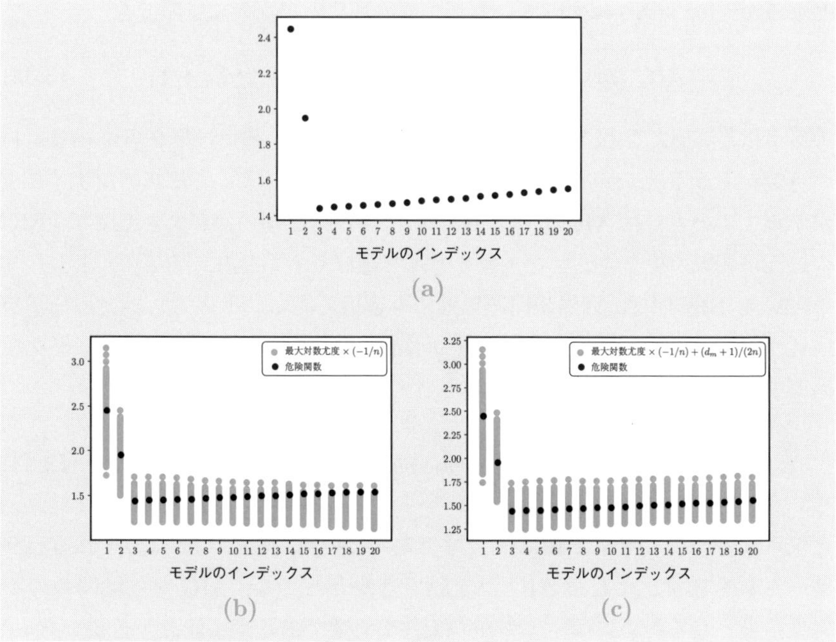

図 3.10 危険関数と式 (3.47) の関係性を調べるシミュレーション実験の結果

式 (3.47) が危険関数の漸近不偏推定量となることがわかったので，式 (3.47) が最小のモデル m を選ぶことで，危険関数が最小のモデルを選択できることが期待される（ただし，あくまで危険関数の推定量を最小化するモデルを選ぶので，本当に危険関数を最小にするモデルを選択するとは限らない点に注意）．実際には式 (3.47) を $2n$ 倍した

$$AIC(m) = -2\log(\boldsymbol{z}|m, \underset{\sim}{\widehat{\boldsymbol{\beta}}}_{m,\mathrm{ML}}) + 2(d_m + 1) \tag{3.50}$$

という量を考え，これを最小にするモデルを選択するという方法が用いられる．式 (3.50) は **AIC**（Akaike Information Criterion）と呼ばれる．なお回帰モデルの場合，

$$\log p(\boldsymbol{z}|m, \underset{\sim}{\widehat{\boldsymbol{\beta}}}_{m,\mathrm{ML}}) = \log p(\boldsymbol{y}|\boldsymbol{X}, m, \underset{\sim}{\widehat{\boldsymbol{\beta}}}_{m,\mathrm{ML}}) + \log p(\boldsymbol{X}) \tag{3.51}$$

となるが，$\log p(\boldsymbol{X})$ はすべてのモデルで共通する項なので省略でき，

$$AIC'(m) = -2\log(\boldsymbol{y}|\boldsymbol{X}, m, \widehat{\underset{\sim}{\boldsymbol{\beta}}}_{m,\mathrm{ML}}) + 2(d_m + 1) \tag{3.52}$$

の最小化と等価になる．BIC の式 (3.20) と比べると，違いは第 2 項の (d_m+1) の係数が 2 か $\log n$ かのみであることが確認できる．よってサンプルサイズ n が 7 以上のときには AIC よりも BIC のほうが第 2 項の値が大きくなり，BIC のほうが変数の少ないシンプルなモデルを選びやすくなる．

AIC も BIC 同様，回帰の問題以外にも適用可能で，サンプル $\underset{\sim}{\boldsymbol{z}}_1, \ldots, \underset{\sim}{\boldsymbol{z}}_n$ が i.i.d. である分布に従っていて，モデル m のもとでの分布がパラメトリックな確率モデル $p(\boldsymbol{z}|m, \boldsymbol{\theta}_m)$ により記述されるとき，モデル m の AIC は

$$AIC(m) = -2\sum_{i=1}^{n} \log p(\boldsymbol{z}_i|m, \widehat{\underset{\sim}{\boldsymbol{\theta}}}_{m,\mathrm{ML}}) + 2k_m \tag{3.53}$$

と表される．ここで第 1 項は最大対数尤度，k_m はモデル m に含まれるパラメータ数を表す．ただし AIC が定義できたとしても，AIC が危険関数の不偏推定量となるためにはいくつかの条件が必要である点に注意が必要である．KL 情報量を損失関数とした危険関数を評価基準として AIC により近似を行うモデル選択の意思決定写像は**図 3.11** のようになる．

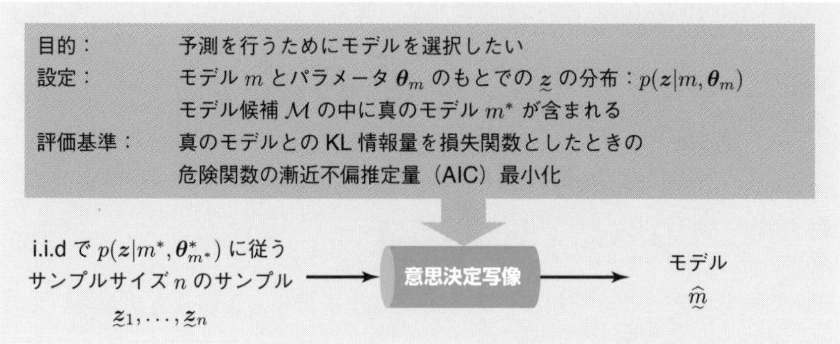

図 3.11　KL 情報量を損失関数とした危険関数の漸近不偏推定量（AIC）を最小化するモデル選択の意思決定写像

3.4.3 データ分析例

2.3.1 項で扱った糖尿病に関するデータについて，年齢（x_1）が 48 歳，BMI（x_2）が 26.3，総コレステロール値（x_3）が 189.14，血糖値（x_4）が 91.26 であるような患者（$\boldsymbol{x}_{n+1} = [48, 26.3, 189.14, 91.26]^\top$）の糖尿病の進行度合い（$\underset{\sim}{y}_{n+1}$）を予測する問題を考える．まず 3.3.4 項で考えた 16 個のモデルについて AIC を計算すると**表 3.3** のようになる．BIC のときと同様，$\underset{\sim}{y} = \beta_0 + \beta_2 x_2 + \beta_4 x_4 + \underset{\sim}{\varepsilon}$ というモデル m_{10} が AIC 最小となる．そこで $\boldsymbol{\beta}_{m_{10}}$ の最尤推定値を求めると，$\widehat{\boldsymbol{\beta}}_{m_{10},\mathrm{ML}} = [-196.6155, 8.9985, 1.2208]$ となるので，$\boldsymbol{x}_{n+1}$ に対する $\underset{\sim}{y}_{n+1}$ の予測値は，$-196.6155 + 8.9985 \times 26.3 + 1.2208 \times 912.6 = 151.455$ と計算される．

表 3.3　糖尿病に関するデータに関する 16 個のモデルの AIC．モデルはモデルに含まれる変数の集合を記載している．

$\{\emptyset\}$	5096.332	$\{\underset{\sim}{x}_2, \underset{\sim}{x}_3\}$	4910.941
$\{\underset{\sim}{x}_1\}$	5082.446	$\{\underset{\sim}{x}_2, \underset{\sim}{x}_4\}$	**4894.666**
$\{\underset{\sim}{x}_2\}$	4912.038	$\{\underset{\sim}{x}_3, \underset{\sim}{x}_4\}$	5025.971
$\{\underset{\sim}{x}_3\}$	5078.002	$\{\underset{\sim}{x}_1, \underset{\sim}{x}_2, \underset{\sim}{x}_3\}$	4909.862
$\{\underset{\sim}{x}_4\}$	5028.421	$\{\underset{\sim}{x}_1, \underset{\sim}{x}_2, \underset{\sim}{x}_4\}$	4895.569
$\{\underset{\sim}{x}_1, \underset{\sim}{x}_2\}$	4909.624	$\{\underset{\sim}{x}_1, \underset{\sim}{x}_3, \underset{\sim}{x}_4\}$	5026.058
$\{\underset{\sim}{x}_1, \underset{\sim}{x}_3\}$	5071.167	$\{\underset{\sim}{x}_2, \underset{\sim}{x}_3, \underset{\sim}{x}_4\}$	4896.206
$\{\underset{\sim}{x}_1, \underset{\sim}{x}_4\}$	5027.419	$\{\underset{\sim}{x}_1, \underset{\sim}{x}_2, \underset{\sim}{x}_3, \underset{\sim}{x}_4\}$	4897.311

3.5 予測に対するベイズ危険関数を評価基準とした直接予測

データ科学入門 II の 3.4.2 項において，複数の説明変数から目的変数を予測する問題における直接予測の方法を解説した．モデルが既知である場合には，3.1 項で説明したように，計画行列を $\boldsymbol{X}$ から $\boldsymbol{\Phi}$ に修正することで，この方法が適用可能となる．本項では，モデルが未知である場合の直接予測を扱う．意思決定写像の入力は $\underset{\sim}{\boldsymbol{X}}, \underset{\sim}{\boldsymbol{y}}, \boldsymbol{x}_{n+1}$ であり，出力は $\underset{\sim}{y}_{n+1}$ の推定値である：

$$d(\underset{\sim}{\boldsymbol{X}}, \underset{\sim}{\boldsymbol{y}}, \boldsymbol{x}_{n+1}) = \widehat{\underset{\sim}{y}}_{n+1} \tag{3.54}$$

損失関数として 2 乗誤差の期待値

$$
\begin{aligned}
&\ell(m, \boldsymbol{\beta}_m, d(\underset{\sim}{\boldsymbol{X}}, \underset{\sim}{\boldsymbol{y}}, \boldsymbol{x}_{n+1})) \\
&\quad = \int (y_{n+1} - d(\underset{\sim}{\boldsymbol{X}}, \underset{\sim}{\boldsymbol{y}}, \boldsymbol{x}_{n+1}))^2 p(y_{n+1}|m, \boldsymbol{\beta}, \boldsymbol{x}_{n+1}) \mathrm{d}y_{n+1}
\end{aligned} \tag{3.55}
$$

を考える．危険関数は

$$
R(m, \boldsymbol{\beta}_m, d) = \int \ell(m, \boldsymbol{\beta}_m, d(\boldsymbol{X}, \boldsymbol{y}, \boldsymbol{x}_{n+1})) p(\boldsymbol{y}|\boldsymbol{X}, m, \boldsymbol{\beta}_m) p(\boldsymbol{X}) \mathrm{d}\boldsymbol{y} \mathrm{d}\boldsymbol{X} \tag{3.56}
$$

となる．$\underset{\sim}{m}$ の事前分布を $p(m)$，m のもとでの $\underset{\sim}{\boldsymbol{\beta}}_m$ の事前分布を $p(\boldsymbol{\beta}_m|m)$ とすると，ベイズ危険関数は

$$
BR(d) = \sum_{m \in \mathcal{M}} \int R(m, \boldsymbol{\beta}_m, d) p(\boldsymbol{\beta}_m|m) p(m) \mathrm{d}\boldsymbol{\beta}_m \tag{3.57}
$$

で与えられる．ベイズ危険関数を最小化するベイズ最適な予測は，$\boldsymbol{X}, \boldsymbol{y}, \boldsymbol{x}_{n+1}$ に対して

$$
d^*(\boldsymbol{X}, \boldsymbol{y}, \boldsymbol{x}_{n+1}) = \int y_{n+1} p(y_{n+1}|\boldsymbol{X}, \boldsymbol{y}, \boldsymbol{x}_{n+1}) \mathrm{d}y_{n+1} \tag{3.58}
$$

を出力することとなる．ここで，$p(y_{n+1}|\boldsymbol{X}, \boldsymbol{y}, \boldsymbol{x}_{n+1})$ は

$$
\begin{aligned}
&p(y_{n+1}|\boldsymbol{X}, \boldsymbol{y}, \boldsymbol{x}_{n+1}) \\
&\quad = \sum_{m \in \mathcal{M}} p(m|\boldsymbol{X}, \boldsymbol{y}) \int p(y_{n+1}|\boldsymbol{\beta}_m, \boldsymbol{x}_{n+1}) p(\boldsymbol{\beta}_m|\boldsymbol{X}, \boldsymbol{y}) \mathrm{d}\boldsymbol{\beta}_m
\end{aligned} \tag{3.59}
$$

で与えられ，やはりこれも**予測分布**と呼ばれる．この式の意味について少し詳しく考えてみよう．

$$
p(y_{n+1}|m, \boldsymbol{X}, \boldsymbol{y}, \boldsymbol{x}_{n+1}) = \int p(y_{n+1}|\boldsymbol{\beta}_m, \boldsymbol{x}_{n+1}) p(\boldsymbol{\beta}_m|\boldsymbol{X}, \boldsymbol{y}) \mathrm{d}\boldsymbol{\beta}_m \tag{3.60}
$$

とおくと，式 (3.59) は

$$
p(y_{n+1}|\boldsymbol{X}, \boldsymbol{y}, \boldsymbol{x}_{n+1}) = \sum_{m \in \mathcal{M}} p(m|\boldsymbol{X}, \boldsymbol{y}) p(y_{n+1}|m, \boldsymbol{X}, \boldsymbol{y}, \boldsymbol{x}_{n+1}) \tag{3.61}
$$

と書ける．$p(y_{n+1}|m, \boldsymbol{X}, \boldsymbol{y}, \boldsymbol{x}_{n+1})$ はモデル m のもとで計算した y_{n+1} の予測分布と見ることができる（3.1 項で説明した計算により計算できる）ため，式

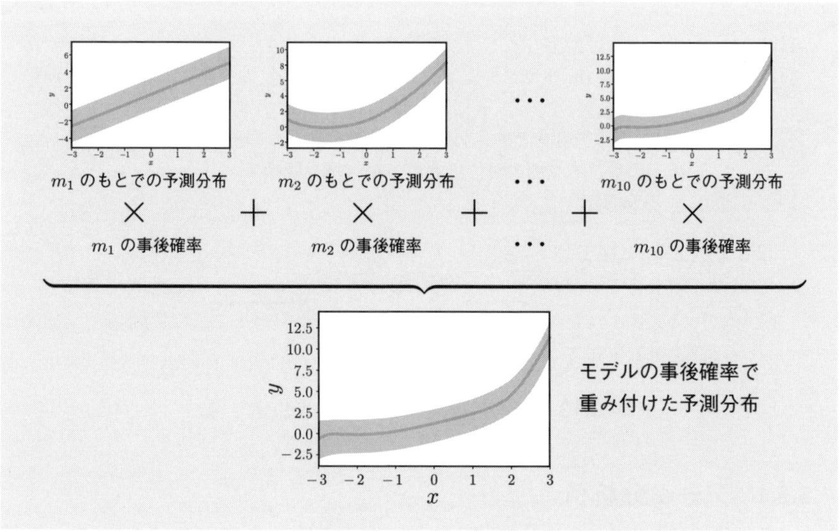

図 3.12　図 3.3 のデータに対して各モデルのもとで計算した予測分布（予測分布の期待値と 95% 予測区間）と式 (3.61) で計算される予測分布

(3.61) は各モデルのもとで計算した予測分布をモデルの事後確率（3.3.2 項で説明）で重み付けたものと見ることができる．**図 3.12** は**図 3.3** のデータに対して各モデルのもとでの予測分布と式 (3.61) によって計算されるモデルの事後確率で重み付けた予測分布を図示したものである．ただし予測分布については予測分布の期待値と 95% 予測区間を図示している（予測区間についてはデータ科学入門 II を参照されたい）．

改めて式 (3.61) を見てみると，モデルを表すパラメータ $\underset{\sim}{m}$ が周辺化により消去されていると解釈することもできる．3.3.2 項で，モデル選択問題においては必ずしも推定しなくてもよいパラメータ $\underset{\sim}{\boldsymbol{\beta}}_m$ を周辺化により消去したが，予測問題においてはモデル $\underset{\sim}{m}$ も必ずしも推定する必要がないパラメータであり，周辺化により消去することでベイズ最適な予測が可能となる．

ベイズ最適な予測の意思決定写像は**図 3.13** のようになる．

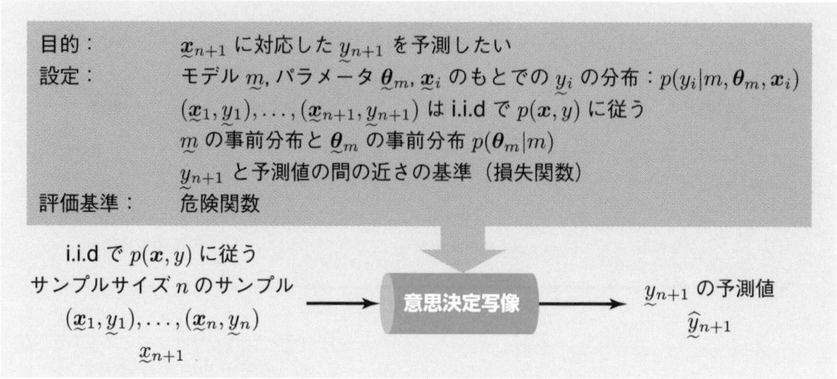

図 3.13 ベイズ最適な予測の意思決定写像

3.5.1 データ分析例

3.4.3 項と同様に，2.3.1 項で扱った糖尿病に関するデータについて，年齢（x_1）が 48 歳，BMI（x_2）が 26.3，総コレステロール値（x_3）が 189.14，血糖

表 3.4 糖尿病データに関する 16 個のモデルのもとでの予測分布の平均と分散

モデル	平均	分散
m_1	140.222	8.830^2
m_2	147.297	9.087^2
m_3	154.020	9.284^2
m_4	150.663	9.296^2
m_5	153.211	9.383^2
m_6	154.017	9.288^2
m_7	150.841	9.300^2
m_8	153.111	9.387^2
m_9	153.681	9.345^2
m_{10}	153.875	9.387^2
m_{11}	153.348	9.395^2
m_{12}	153.667	9.345^2
m_{13}	153.863	9.393^2
m_{14}	153.232	9.404^2
m_{15}	153.744	9.397^2
m_{16}	153.703	9.406^2

値（x_4）が 91.26 であるような患者（$\boldsymbol{x}_{n+1} = [48, 26.3, 189.14, 91.26]^\top$）の糖尿病の進行度合い（$\underset{\sim}{y}_{n+1}$）を予測する問題を考える．3.3.4 項と同様の事前分布と σ_ε^2 の値を用いると，各モデルのもとでの予測分布は正規分布となり，その平均と分散は**表 3.4** のようになる．これらの正規分布を 3.3.4 項で求めた各モデルの事後確率で重み付けたものが式 (3.59) の予測分布となり，その平均は 153.995 となる．また 95% 予測区間をモンテカルロシミュレーションにより求めると，$[148.025, 159.958]$ となる．

3.6　構造推定における正則化

3.3 節と 3.4 節では，複数のモデル候補の中から 1 つのモデルを選択する意思決定写像について解説した．構造推定にしても予測にしても，それぞれで適切な評価基準を最小化することで丁度よい複雑さのモデルを選択する意思決定写像である．2.4 節で述べたように，関数の複雑さをコントロールする他のアプローチとして正則化がある．ここでは，構造推定を目的とした場合の正則化の役割について詳しく述べる．予測における正則化の役割については第 4 章で詳しく述べる．

3.6.1　構造推定における正則化

説明変数 $\boldsymbol{x}$ と目的変数 y の間に次のような確率モデルを仮定する．

$$\underset{\sim}{y} = \boldsymbol{\beta}^\top \boldsymbol{\phi}(\boldsymbol{x}) + \underset{\sim}{\varepsilon} \tag{3.62}$$

$\boldsymbol{\beta}$ は未知パラメータ，$\boldsymbol{\phi}(\boldsymbol{x}) = [1, \phi_1(\boldsymbol{x}), \ldots, \phi_d(\boldsymbol{x})]^\top$，$\underset{\sim}{\varepsilon}$ は平均 0，分散 σ_ε^2 の正規分布 $\mathcal{N}(0, \sigma_\varepsilon^2)$ に従う確率変数とする．モデル選択の場合と異なり，$\phi_1, \ldots, \phi_d$ は固定した設定を考える．すべての基底関数を含んだ最も複雑なモデルに固定していると考えてもよい．この設定のもとで $\boldsymbol{\beta}$ の不偏推定量であり，かつ推定量の分散が最小となる推定量は最小 2 乗推定量である（データ科学入門 II を参照）．

$$\underset{\sim}{\widehat{\boldsymbol{\beta}}}_{\mathrm{MMSE}} = (\boldsymbol{\Phi}^\top \boldsymbol{\Phi})^{-1} \boldsymbol{\Phi}^\top \underset{\sim}{\boldsymbol{y}} \tag{3.63}$$

一方で ridge 回帰による推定量（ridge 推定量と呼ぶことにする）は以下で与えられる．

$$\underset{\sim}{\widehat{\beta}}_{\mathrm{ridge}} = (\boldsymbol{\Phi}^\top \boldsymbol{\Phi} + \lambda \boldsymbol{I})^{-1} \boldsymbol{\Phi}^\top \underset{\sim}{\boldsymbol{y}} \tag{3.64}$$

ridge 推定量は最小 2 乗推定量と異なり不偏性を持たないが，以下の計算でわかるように最小 2 乗推定量よりも分散が小さくなる．

$$\mathrm{V}[\underset{\sim}{\widehat{\beta}}_{\mathrm{ridge}}] = \sigma_\varepsilon^2 (\boldsymbol{\Phi}^\top \boldsymbol{\Phi} + \lambda \boldsymbol{I})^{-1} \boldsymbol{\Phi}^\top \boldsymbol{\Phi} (\boldsymbol{\Phi}^\top \boldsymbol{\Phi} + \lambda \boldsymbol{I})^{-1} \tag{3.65}$$

$$\preceq \sigma_\varepsilon^2 (\boldsymbol{\Phi}^\top \boldsymbol{\Phi})^{-1} = \mathrm{V}[\underset{\sim}{\widehat{\beta}}_{\mathrm{MMSE}}] \tag{3.66}$$

また $\boldsymbol{\Phi}$ に多重共線性が存在する場合，$\boldsymbol{\Phi}^\top \boldsymbol{\Phi}$ が逆行列を持たないため，最小 2 乗推定量を計算することができないが，その場合でも ridge 推定量は計算できるという利点もある．前章で紹介した lasso 推定量や Elastic-net 推定量については ridge 推定量のように分散を陽に表すことはできないが，最小 2 乗推定量よりも分散が小さくなることは保証される．ただし，いずれの正則化も推定量の分散の最小化を目的としているわけではない．データ科学入門 I において推定量のバイアスバリアンス分解というものを説明したが，一般的に推定量の分散を小さくしようとすると必然的にバイアスが大きくなるという性質がある．構造推定の視点からは，正則化は推定量の不偏性を犠牲にして分散を小さくしようとする手法であるといえる．

2.4 節の lasso 回帰では最適解が多くの 0 を含む傾向があるということを述べた．そのため，構造推定において lasso 推定量を用いると，推定量の回帰係数が非ゼロの成分のみを取り出すことで，結果的にモデル選択のようなことを行うことができる．例えば線形回帰の問題においてはいくつかの条件のもとで lasso 推定量に基づいて上記のようにモデル選択をすると一致性を持つことが知られている[†10]．ただしこれはあくまで線形回帰において特定の条件が満たされる場合に成り立つ結果であって，それ以外の設定において ℓ_1-ノルムに基づいた正則化を行った推定量でモデル選択を行っても，一致性を持つとは限らない点に注意が必要である．

[†10] 例えば次の論文を参照. M. J. Wainwright, "Sharp thresholds for high-dimensional and noisy sparsity recovery using ℓ_1-constrained quadratic programming (Lasso)," IEEE Transactions on Information Theory, 55, 2183-2202.

3.6.2　正則化手法のベイズ的解釈

最小 2 乗法は

$$\underset{\sim}{\boldsymbol{y}} = \boldsymbol{\Phi}\boldsymbol{\beta} + \underset{\sim}{\boldsymbol{\varepsilon}}, \quad \underset{\sim}{\boldsymbol{\varepsilon}} \sim \mathcal{N}(\mathbf{0}, \sigma_\varepsilon^2 \boldsymbol{I}) \tag{3.67}$$

という確率モデルにおける $\boldsymbol{\beta}$ の最尤推定と見なせることを確認した．以下では式 (2.12) の最小化や式 (2.15) の最小化は，$\underset{\sim}{\boldsymbol{\beta}}$ にある事前分布を仮定したときの事後確率最大推定（MAP 推定）と見なせることを確認する．

$\underset{\sim}{\boldsymbol{\beta}}$ の事前分布を $\mathcal{N}(\mathbf{0}, \sigma_\beta^2 \boldsymbol{I})$ とする．このとき $\underset{\sim}{\boldsymbol{\beta}}$ の事後分布は

$$\begin{aligned} p(\boldsymbol{\beta}|\boldsymbol{\Phi}, \boldsymbol{y}) &\propto p(\boldsymbol{y}|\boldsymbol{\beta}, \boldsymbol{\Phi}) p(\boldsymbol{\beta}) \qquad (3.68) \\ &= (2\pi\sigma_\varepsilon^2)^{-\frac{n}{2}} \exp\left(-\frac{\|\boldsymbol{y} - \boldsymbol{\Phi}\boldsymbol{\beta}\|_2^2}{2\sigma_\varepsilon^2}\right) \\ &\quad \times (2\pi\sigma_\beta^2)^{-\frac{d}{2}} \exp\left(-\frac{\|\boldsymbol{\beta}\|_2^2}{2\sigma_\beta^2}\right) \qquad (3.69) \end{aligned}$$

と表せる．両辺の対数をとると，

$$\log p(\boldsymbol{\beta}|\boldsymbol{\Phi}, \boldsymbol{y}) = -\frac{1}{2\sigma_\varepsilon^2}\|\boldsymbol{y} - \boldsymbol{\Phi}\boldsymbol{\beta}\|_2^2 - \frac{1}{2\sigma_\beta^2}\|\boldsymbol{\beta}\|_2^2 + \text{const.} \tag{3.70}$$

と表せる．ここで const. は $\boldsymbol{\beta}$ を含まない定数項である．よって $\underset{\sim}{\boldsymbol{\beta}}$ の MAP 推定量は

$$\underset{\boldsymbol{\beta}}{\arg\max} \left(-\frac{1}{2\sigma_\varepsilon^2}\|\boldsymbol{y} - \boldsymbol{\Phi}\boldsymbol{\beta}\|_2^2 - \frac{1}{2\sigma_\beta^2}\|\boldsymbol{\beta}\|_2^2\right) \tag{3.71}$$

により得られる．式全体を $-2\sigma_\varepsilon^2$ 倍して最大化問題を最小化問題に書き換えると，

$$\underset{\boldsymbol{\beta}}{\arg\min} \left(\|\boldsymbol{y} - \boldsymbol{\Phi}\boldsymbol{\beta}\|_2^2 + \frac{\sigma_\varepsilon^2}{\sigma_\beta^2}\|\boldsymbol{\beta}\|_2^2\right) \tag{3.72}$$

となる．最後に得られた式において $\lambda = \frac{\sigma_\varepsilon^2}{\sigma_\beta^2}$ とおくと，この評価基準は式 (2.12) と一致する．すなわち，ridge 回帰では $\underset{\sim}{\boldsymbol{\beta}}$ の事前分布に多変量正規分布を仮定した場合の MAP 推定量を求めていると解釈できる．同様の論理により，lasso 回帰では $\underset{\sim}{\boldsymbol{\beta}}$ に

$$p(\underset{\sim}{\beta}) = \prod_{j=1}^{d} \frac{1}{2a} \exp\left(-\frac{|\beta_j|}{a}\right) \tag{3.73}$$

という事前分布を仮定した場合の MAP 推定量を求めていると解釈できる．ここで右辺の積の各要素はラプラス分布の確率密度関数である．

ところで $\underset{\sim}{\beta}$ も確率変数であると考えて事前分布を仮定した場合，$\underset{\sim}{\beta}$ の事後分布を考えることができる．3.1 節で述べたとおり，$\underset{\sim}{\beta}$ の事前分布に多変量正規分布を仮定した場合，事後分布も正規分布となり解析的に求めることができる．一方でラプラス分布を仮定した場合，事後分布を解析的に求めることはできないが，MCMC 法を使って近似的に求めることができる．**図 3.14** は**図 3.3** のデータに対して最大次数 10 の多項式回帰において $\underset{\sim}{\beta}$ の事前分布に多変量正規分布とラプラス分布を仮定した，それぞれの場合の事後分布を描いたものである．ただし図では事後分布の中央値と 95% 信用区間を描いており，ラプラス分布を仮定した場合のものについては MCMC 法により近似的に求めたものとなっている．また事前分布については正規分布，ラプラス分布共に平均が 0 で分散が 1 となるように設定している．この図から，事前分布にラプラス分布を仮定した場合のほうが事後分布の分散が小さくなっていそうなことが確認できる．

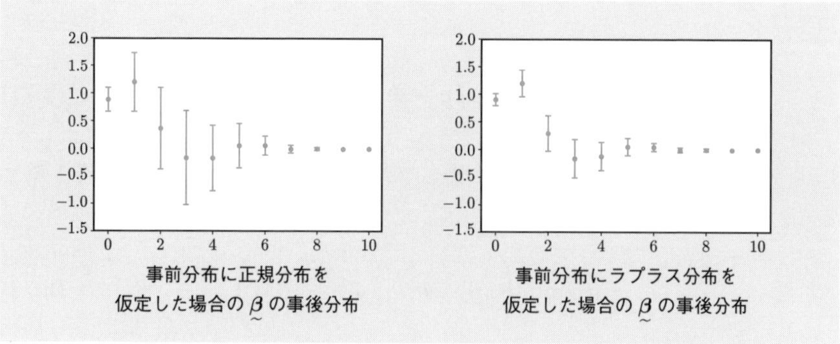

図 3.14 図 3.3 のデータに対して事前分布に正規分布を仮定した場合とラプラス分布を仮定した場合の $\underset{\sim}{\beta}$ の事後分布（事後分布の中央値と 95% 信用区間）

3.7 モデルの探索アルゴリズム

モデルの候補 $\mathcal{M}$ が与えられたときに，何らかの評価基準が最小となる $m \in \mathcal{M}$ を求める問題を考えよう．評価基準としては，$BIC(m)$，$AIC(m)$ などが考えられる．候補となるモデルの数 $|\mathcal{M}|$ が小さいときには，すべてのモデルに対して評価基準の値を計算して，その中で評価基準の値が最小となるモデルを選べばよい．しかし，$|\mathcal{M}|$ が大きいときには，これは計算量的に難しい問題となる．例えば，重回帰分析の変数選択問題において説明変数の候補が 100 個ある状況を考えよう．各変数を含むか含まないかによりモデルの候補を構築すると $|\mathcal{M}|$ は $2^{100} = 1.2677 \times 10^{30}$ となる．これは仮に 1 つのモデルに対する評価基準を計算するのにかかる時間が 0.001 秒とすると，4.02×10^{19} 年かかることになるが，これは宇宙が誕生してから現在までの時間よりも遥かに長い時間である．そこで，そのような場合にはすべてのモデルに対する評価基準の計算は諦め，$\mathcal{M}$ の部分集合に含まれるモデルに対して評価基準を計算して，その中で評価基準の値が最良となるモデルを出力する．もちろん評価基準を計算しなかったモデルの中に最適なモデルが存在する可能性もあるため，最適性は失われてしまうが，少ない計算量である程度よいモデルを出力できることが期待される．このように $\mathcal{M}$ の部分集合の中で評価基準の値が最良となるモデルを見つける問題を本書では**モデルの探索**と呼ぶ．$\mathcal{M}$ のすべてのモデルに対して評価基準を計算して最適なモデルを見つける方法は**全数探索**と呼ばれる．

一般的によく使われるモデル探索アルゴリズムとして**変数増加法**，**変数減少法**，**変数増減法**が知られている．以下では記述を簡単にするために，重回帰分析の変数選択を例に各アルゴリズムの説明を行う．変数増加法は説明変数を 1 つずつ追加していき，説明変数を追加しても評価基準の値が改善しなかった時点で探索を終了するアルゴリズムである．このアルゴリズムはアルゴリズム 1 のように記述される．

一方，変数減少法では，初めにすべての説明変数をモデルに含め，その後 1 つずつ説明変数を取り除いて評価基準値を改善させていき，評価基準値が改善しなかった時点で探索を終了するアルゴリズムである．このアルゴリズムはアルゴリズム 2 のように記述される．

アルゴリズム 1 変数増加法

1: **procedure** FORWARDSELECTION(X, y)　　　▷ X は説明変数, y は目的変数
2:　　$p \leftarrow$ 説明変数の数
3:　　$selected \leftarrow$ 空リスト　　　　　▷ 選択された説明変数を保存するリスト
4:　　$best\_global\_score \leftarrow$ 切片のみのモデルの評価基準値
5:　　**for** i in $1 \ldots p$ **do**
6:　　　　$not\_selected \leftarrow selected$ に含まれない説明変数のリスト
7:　　　　$scores \leftarrow$ 空リスト　　　　　　　▷ 評価基準値を保存するリスト
8:　　　　**for** x in $not\_selected$ **do**
9:　　　　　　$candidates \leftarrow selected$ に x を追加したリスト
10:　　　　　　$X\_subset \leftarrow X$ の $candidates$ に対応する列
11:　　　　　　$score \leftarrow$ モデルの評価基準の値
12:　　　　　　$scores \leftarrow scores$ に $score$ を追加
13:　　　　**end for**
14:　　　　$x\_best \leftarrow scores$ の最小値を達成する説明変数
15:　　　　$best\_score \leftarrow scores$ の最小値
16:　　　　**if** $best\_score < best\_global\_score$ **then**
17:　　　　　　$best\_global\_score \leftarrow best\_score$
18:　　　　　　$selected \leftarrow selected$ に x_best を追加
19:　　　　**else**
20:　　　　　　**break**　　　　　　▷ 評価基準値が改善しない場合, ループを終了
21:　　　　**end if**
22:　　**end for**
23:　　**return** $selected$
24: **end procedure**

　変数増減法は変数増加法と変数減少法を組み合わせたアルゴリズムで, 各ステップにおいて変数増加法で説明変数を追加した後に,（追加した説明変数以外の）説明変数を取り除くことで評価基準値が改善するかどうかを確認するアルゴリズムである. 変数増加法・変数減少法と比べてアルゴリズムが複雑になるため, 本書では詳細を省略する.

3.7.1　データ分析例

　これまでのデータ分析例で扱ってきた糖尿病のデータは一部の説明変数を取り除いており, もとのデータには説明変数として「年齢 x_1」「BMIx_2」「総コレステロール x_3」「血糖値 x_4」以外に,「性別 x_5」「平均血圧 x_6」「悪玉コレステ

アルゴリズム 2 変数減少法

1: **procedure** BACKWARDELIMINATION(X, y)　　▷ X は説明変数, y は目的変数
2:　　$p \leftarrow$ 説明変数の数
3:　　$selected \leftarrow$ 説明変数すべてを含むリスト　▷ 選択された説明変数を保存するリスト
4:　　$best\_global\_score \leftarrow$ すべての変数を含むモデルの評価基準値
5:　　**for** i in $1 \ldots p$ **do**
6:　　　　$scores \leftarrow$ 空リスト　　　　　　　　　▷ 評価基準値を保存するリスト
7:　　　　**for** x in $selected$ **do**
8:　　　　　　$candidates \leftarrow selected$ から x を取り除いたリスト
9:　　　　　　$X\_subset \leftarrow X$ の $candidates$ に対応する列
10:　　　　　　$score \leftarrow$ モデルの評価基準の値
11:　　　　　　$scores \leftarrow scores$ に $score$ を追加
12:　　　　**end for**
13:　　　　$x\_best \leftarrow scores$ の最小値を達成する説明変数
14:　　　　$best\_score \leftarrow$ scores の最小値
15:　　　　**if** $best\_score < best\_global\_score$ **then**
16:　　　　　　$best\_global\_score \leftarrow best\_score$
17:　　　　　　$selected \leftarrow selected$ から x_best を取り除く
18:　　　　**else**
19:　　　　　　**break**　　　　　　▷ 評価基準値が改善しない場合, ループを終了
20:　　　　**end if**
21:　　**end for**
22:　　**return** $selected$
23: **end procedure**

ロール x_7」「善玉コレステロール x_8」「善玉コレステロールと総コレステロールの比 x_9」「中性脂肪 x_{10}」がある. これらをすべて説明変数の候補とすると, 説明変数の候補の数は 10 個となる. これくらいであれば各変数を含むか含まないかによるすべてのモデルを考えたとしても, モデルの数は $2^{10} = 1024$ 個しかないため全数探索が可能である. そこで, 2 変数間の交互作用も基底関数の候補に追加しよう. すると交互作用の基底関数の候補は $_{10}\mathrm{C}_2 = 45$ 個あり, 各変数と交互作用を含むか含まないかによってモデルを列挙するとモデルの数は 2^{55} 個となるため全数探索はできない. このような場合には変数増加法や変数減少法を用いることができる.

第4章 同質性を仮定した予測

本ライブラリで同質性を仮定した予測と呼んでいる手法では，まず手元のデータの特徴記述を行い，得られた特徴記述関数を予測関数と見なして新規説明変数を代入することで間接予測を行うことになる．データ科学入門 II では，特徴記述に用いる関数の複雑さを分析者があらかじめ定めているという設定のもとで議論を行った．本章では，本書全体のテーマに倣い，複雑さの異なるいくつかの特徴記述関数候補は与えられているものの，どの程度の複雑さを持った特徴記述関数を用いるべきかは未知であるという設定を扱う．特に，手元のデータに対して当てはまりの良い特徴記述関数が予測関数としても優れているとは限らないこと，表現能力の異なる予測関数がいくつか考えられる場合には適切に表現能力を調整する必要があることを述べる．

4.1 復習：同質性を仮定した予測

データ科学入門 II や本書の第 1 章でも述べたように，機械学習における予測手法の中にはデータ生成観測メカニズムを陽に仮定しないものも多い．そこでデータ科学入門 II では，これらの手法は手元のデータと新規データが何らかの同様なメカニズムに基づいて生成されることのみを定性的に仮定していると捉え，このような仮定に基づく予測を**同質性を仮定した予測**と呼んだ．

同質性を仮定した予測ではデータ生成観測メカニズムが具体的にどのように表されるかを明確に仮定しないため，予測の良さを理論的に評価することが本来困難である．そこで，まず手元のデータに対する当てはまりを評価基準とした特徴記述を行い，得られた特徴記述関数を予測関数と見なして新規説明変数を代入することで間接予測が行われる．したがって，意思決定写像は特徴記述関数の構築と，それを用いた予測という 2 段階構造を持ち，**図 4.1** のように表される．ただし，ここでの間接予測はデータ生成観測メカニズムを仮定したもとでの間接予測とは異なる意味合いを持つ点に注意されたい．データ生成観測メカニズムを仮定した間接予測では，まずデータ生成観測メカニズムの構造推定を行い，推定されたデータ生成観測メカニズムに基づいて新規データの予測を行っていた．これに対し，同質性を仮定した予測では，まず手元のデータの特徴記述を行い，得られた特徴記述関数を用いて予測を行うことを間接予測と呼んでいる．

データ科学入門 II では，同質性を仮定した予測において，特徴記述や予測に用いる関数の型や複雑さをあらかじめ分析者が定めているという設定のもとで議論を行った．一方，本書のテーマは第 1 章から第 3 章まで一貫して述べてきたように，様々な意思決定写像におけるモデル未知の設定を扱うことである．そこで本章では，複雑さの異なるいくつかの特徴記述関数候補は与えられているものの，どの程度の複雑さを持った特徴記述関数を予測に用いるべきかは未知であるという設定を考えていく．

ちなみに，機械学習分野では同質性を仮定した予測における特徴記述関数や予測関数の型をモデルと呼ぶことが多い．この表現を借りれば，データ科学入門 II では同質性を仮定した予測におけるモデル既知の設定を扱っていたのに対し，本書ではモデル未知の設定を扱うということになる．第 1 章においても

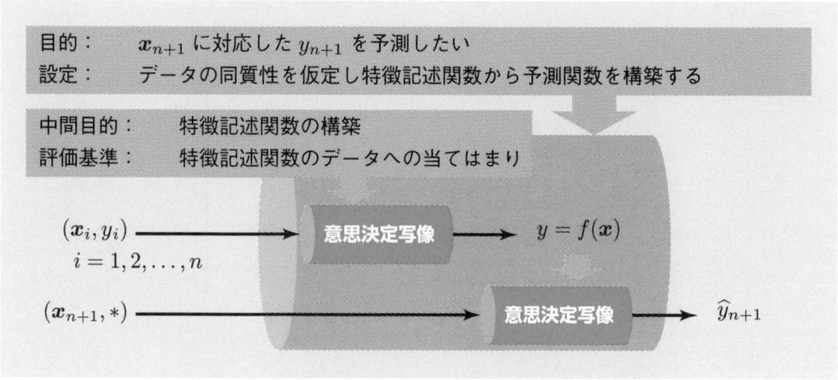

図 4.1　同質性を仮定した予測の意思決定写像

本書の概要を述べるためにこの表現を用いて説明を行っていた．しかし，第2章以降ではモデルという用語をデータ生成観測メカニズムを抽象的に表現したものを指す用語として用いており，特徴記述関数を指す用語としては用いていない．そこで，混乱を避けるために本章ではモデル未知という表現は用いず，少し冗長ではあるが，複数の予測関数候補が考えられる場合の設定，予測に用いるべき特徴記述関数が未知の設定といった表現を用いるものとする．

4.2 複数の予測関数候補が考えられる場合の問題

本節では，複数の予測関数候補が考えられる場合の同質性を仮定した予測における問題を具体例を通じて確認する．特に，**図 4.2** のデータに対し最大深さの異なるいくつかの決定木による特徴記述を行い，そのいずれかを予測に用いることを考える．すなわち，最大深さが d であるような決定木によって表される関数を $f_d(x)$ とし，これら一つ一つを予測関数候補とするとき，予測関数候補の集合 $\mathcal{M} = \{f_1(x), f_2(x), \ldots, f_D(x)\}$ は既知であるが予測に用いるべき関数は未知であるという設定を考える．

まず，第2章でも述べたように，特徴記述関数や予測関数としての決定木 $f_d(x)$ には木の深さ d を深くするほど関数の表現能力が大きくなるという性質がある．木が深くなるほどノード数も増加していくが，内部ノードの数が多いほど説明変数の空間を複雑に分割することができ，葉ノードの数が多いほど多

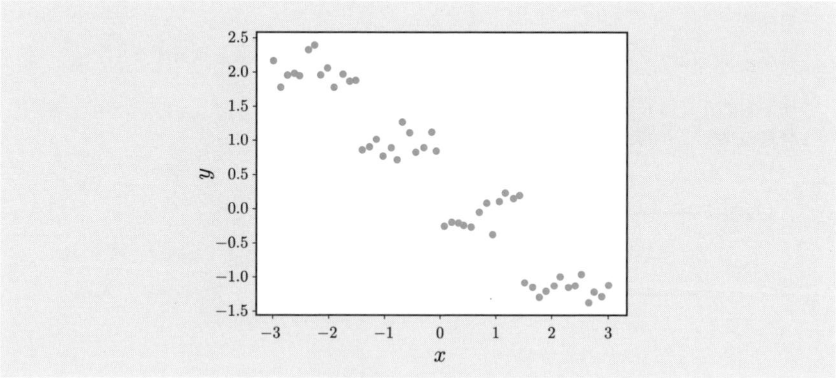

図 4.2 データの例

様な予測値を出力しうるからである．特に $d < d'$ のとき，より深い木 $f_{d'}(x)$ のパラメータを調整することで，浅い木 $f_d(x)$ によって表すことのできるどんな関数も表現することができるため，$\mathcal{M}$ は階層的な構造を持っているということに注意されたい．

図 4.3 は**図 4.2** のデータに対して様々な深さの決定木に基づく特徴記述関数を構築した結果である．ただし，決定木の各葉ノードに属するデータ点の目的変数値の分散を不純度として用い，CART 法を適用して木を構築した．第 2 章で示した分類問題における特徴記述の結果と同様，木の深さが深いほど複雑な特徴記述関数となっており，特徴記述の評価基準の値（ここでは残差平方和）も小さくなっていることがわかるだろう．特に，今回のように $\mathcal{M}$ が階層

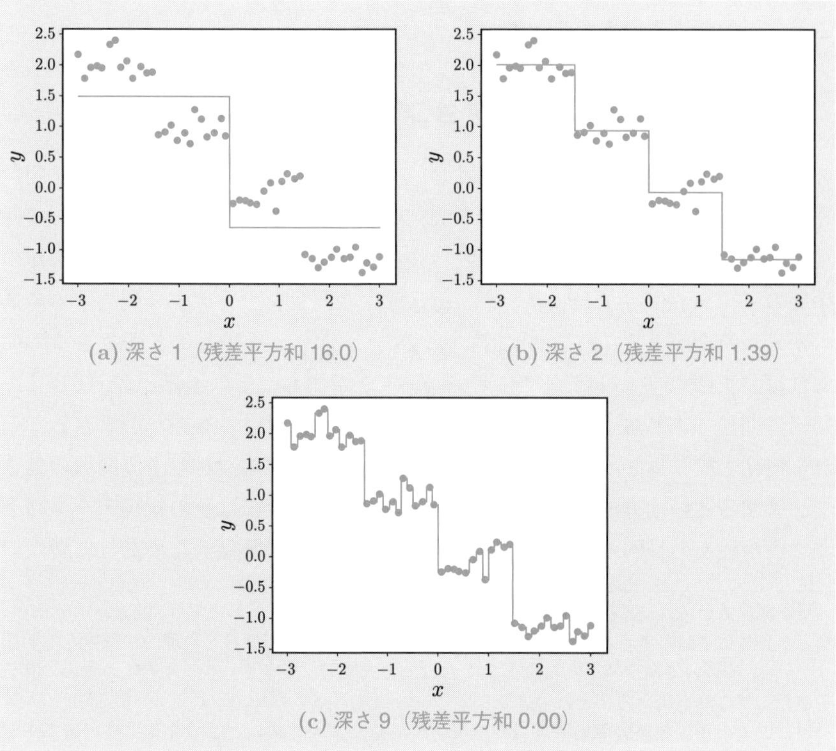

(a) 深さ 1（残差平方和 16.0）

(b) 深さ 2（残差平方和 1.39）

(c) 深さ 9（残差平方和 0.00）

図 4.3 様々な深さの決定木による特徴記述

的な構造を持っている場合，どんなデータに対しても最も複雑な関数が最も小さな評価基準を示すことが，分析をするまでもなくわかってしまう．つまり，（これも第 2 章で述べたことの繰り返しになるが）そもそも特徴記述を目的とした場合も，素朴な方法では関数の複雑さについて意味のある解は得られないということである．

では，これらの特徴記述関数のうち，予測関数として優れた関数はどれだろうか．これらの関数はあくまで手元のデータへの当てはまりの良さを評価基準として作られたものであり，関数構築時に予測の良さは全く考慮されていない．また，確率的データ生成観測メカニズムの仮定もないため，予測の良さを数式で表現することができず，AIC のようなモデル選択規準を定義することはできない[†1]．そのため，このままではどの特徴記述関数を予測関数として用いるべきか判断するのも困難である．

4.3　クロスバリデーションによる予測関数の選択

そこで，同質性を仮定した予測においては，実際にいくつかの特徴記述関数を予測に転用してみて，結果的に予測精度が高かったものを予測関数として採用するという素朴な手法がよく用いられる．例えば，もしサンプルサイズ n の手元のデータ $(x_1, y_1), (x_2, y_2), \ldots, (x_n, y_n)$ と同質なデータ生成観測メカニズムから新たなデータ $(x_{n+1}, y_{n+1}), (x_{n+2}, y_{n+2}), \ldots$ を得ることができるのであれば，実際に $j = 1, 2, \ldots$ に対し y_{n+j} を予測し，その予測誤差（例えば，回帰の問題であれば $(y_{n+j} - f_d(x_{n+j}))^2$ など）を測定することができる．それを何度も繰り返し，新規データの予測誤差の算術平均などで予測関数の良さを評価するという方法が考えられる[†2]．しかし，実際にはその新規データの予測こそが我々の目的とするところであり，予測関数の評価のためだけに新たに

[†1] 予測関数を f，新規説明変数を $\boldsymbol{x}_{n+1}$，新規目的変数を y_{n+1} とおいて，$(f(\boldsymbol{x}_{n+1}) - y_{n+1})^2$ などと表せばよいと考える読者もいるかもしれないが，y_{n+1} の性質を数理的に仮定しない限り，y_{n+1} について期待値をとるなど，これ以上の式変形はできず，f の最適化のための評価基準としてこれを用いることはできない．

[†2] ここでの予測誤差の算術平均は，データ生成確率メカニズムとして非常に緩い確率モデル $p(x, y)$ を仮定したもとでの予測誤差の期待値を大数の法則に基づいて近似したものと考えることもできる．このような予測誤差の評価は統計的学習理論の分野で理論的にも研究されている．詳細は本章末のコラムを参照．

データを取得し続けていたのでは，いつまでたってもその予測関数の利用を開始することはできない．そこで，手元のデータを特徴記述関数構築用のデータ $(x_1, y_1), (x_2, y_2), \ldots, (x_m, y_m)$ と，それを予測関数に転用した際の予測誤差評価用のデータ $(x_{m+1}, y_{m+1}), (x_{m+2}, y_{m+2}), \ldots, (x_n, y_n)$ にランダムに分割するという方法がよく用いられる（ただし，$m < n$）．特徴記述関数構築用データは**訓練データ**，予測誤差評価用データは**試験データ**と呼ばれる．

それぞれの利用方法は以下のとおりである．まず，訓練データ $(x_1, y_1), (x_2, y_2), \ldots, (x_m, y_m)$ の特徴を何らかの評価基準のもとでよく表現するように特徴記述関数 $f_d(x)$ が構築される．次に，これを予測関数と見なし，試験データの説明変数 $x_{m+1}, x_{m+2}, \ldots, x_n$ を入力することで，対応する目的変数の予測値 $f_d(x_{m+1}), f_d(x_{m+2}), \ldots, f_d(x_n)$ を得る．最後に，試験データにおける真の目的変数の値 $y_{m+1}, y_{m+2}, \ldots, y_n$ と予測値を比較することで予測誤差を評価する．

したがって，データ分割時の試験データの比率 $\frac{n-m}{n}$ を大きくすれば予測誤差をより正確に評価できると考えられる．しかし，訓練データの比率 $\frac{m}{n}$ が小さくなってしまうため，構築される特徴記述関数はその少ない訓練データの特徴のみを表す関数となってしまい，予測関数としての性能が悪くなってしまう場合がある（大きな予測誤差が正確に評価されるだけになる）．また，データのどの部分を訓練データにするかによって，構築される特徴記述関数も大きく異なってしまう．逆に，訓練データの比率 $\frac{m}{n}$ を大きくとれば，特徴記述関数がデータ全体の傾向をとらえやすくなると考えられるが，試験データの比率 $\frac{n-m}{n}$ が小さくなるため，それを予測関数に転用した際の予測誤差がどの程度になるかの見積もりが甘くなってしまう．また，データのどの部分を試験データにするかによって，予測誤差の評価が大きく変わってしまう．適切な分割比率はデータ全体の量や用いる特徴記述関数によっても異なるが，経験的には (訓練データ) : (試験データ) $= 4 : 1$ とする場合が多い．

さらに，分割パターンの違いによる特徴記述関数や予測誤差評価のばらつき対策として，様々な分割パターンで訓練データと試験データを用意し，それぞれに対して特徴記述関数の構築とそれを予測関数に転用した際の予測誤差の評

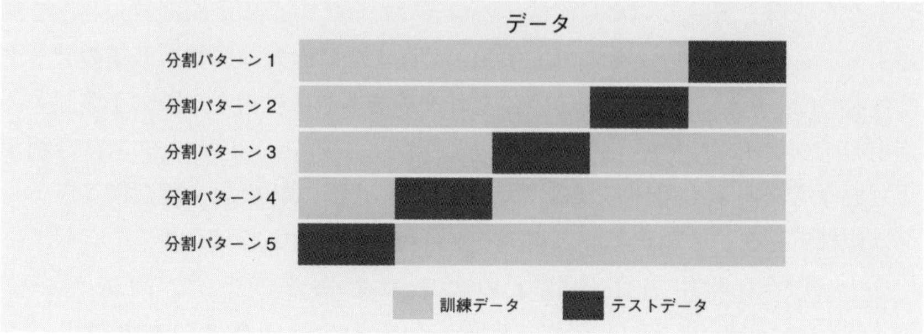

図 4.4　5 分割クロスバリデーションにおけるデータの分割のイメージ

価を行うという方法（**交差検証法，クロスバリデーション**）も行われる[†3]．例えば，訓練データと試験データの比率を 4 : 1 に設定した場合，すべてのデータが 1 度だけ試験データとして用いられるような分割パターンは 5 通りある（**図 4.4** 参照）．そこでこれら 5 通りの分割パターンに対して予測関数の構築と評価を行うという方法がある．このような方法は特に 5 分割交差検証法（一般にデータを k 通りに分割する場合は **k 分割交差検証法**）と呼ばれる．予測に用いるべき特徴記述関数が未知の設定のもとでの同質性を仮定した予測において，k 分割交差検証法によって適切な特徴記述関数を選択し，新規データの予測を行う手法を意思決定写像としてまとめると**図 4.5** のようになる．

例として，前節のデータに対し，5 分割交差検証法によって最大深さの異なる決定木からなる予測関数候補の集合 $\mathcal{M} = \{f_1(x), f_2(x), \ldots, f_9(x)\}$ から予測に適した関数を選択してみよう．**表 4.1** は 5 通りの試験データに対する予測誤差の平均を，決定木の最大深さごとに示したものである．このグラフから，決定木の最大深さが 2 であるような関数 $f_2(x)$ が適切だと判断できる．したがって最大深さが小さすぎたり大きすぎたりすると予測誤差が大きくなってしまうということがわかる．特に，特徴記述関数として最も当てはまりのよいはずの，最大深さの大きな関数が予測関数としても優れているわけではないということに注意してほしい．

[†3]本節では，データ生成観測メカニズムを陽に仮定しない予測関数評価法としてクロスバリデーションを紹介するが，歴史的にはクロスバリデーションはデータ生成観測メカニズムを仮定したもとで推定量のばらつきを調べたり，モデルを選択したりするための手法として導入され，その理論的性質にも様々な研究がある．詳しくは本節末のコラムを参照のこと．

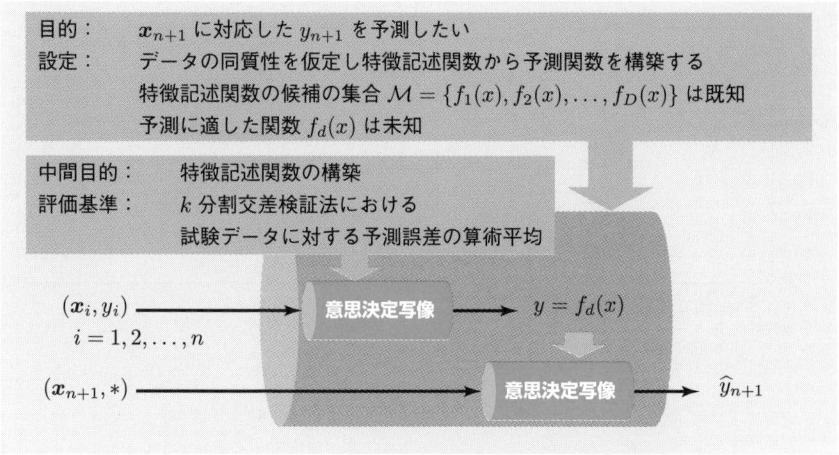

図 4.5　予測に用いるべき特徴記述関数が未知の設定のもとでの同質性を仮定した予測における k 分割交差検証法に基づく意思決定写像

表 4.1　5 分割交差検証法の結果

最大深さ	テストテータに対する 2 乗誤差の平均
1	3.33
2	0.33
3	0.35
4	0.47
5	0.53
6	0.59
7	0.59
8	0.59
9	0.59

どのような原因によってそういった現象が起きたのか，より詳しく見てみよう．**図 4.6** はあるデータ分割パターンにおける訓練データ，試験データ，予測関数を表している．この例を見ると，最大深さが小さすぎる場合には，そもそも訓練データの傾向すら表現できておらず，試験データの変化に対しても予測関数値の変化が追従していないために予測誤差が大きくなっていることがわかる．一方，最大深さが大きすぎる場合の予測誤差が大きくなる原因は，複雑な

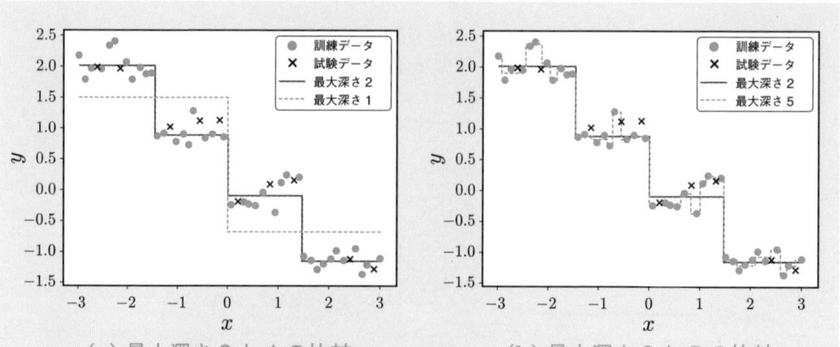

(a) 最大深さ 2 と 1 の比較　(b) 最大深さ 2 と 5 の比較

図 4.6 試験データに対する予測誤差の例

予測関数に含まれる急激な予測値の変化の付近で試験データに対する当てはまりが悪くなっていることが見てとれる．

同様の現象は様々な予測関数に見られることが知られている．すなわち，複雑さの異なるいくつかの予測関数候補がある場合，単純すぎる予測関数を用いても，複雑すぎる予測関数を用いても予測誤差が大きくなってしまうのである．特に，複雑な関数が手元のデータのみに適合してしまうことによって予測精度が悪化する現象は，**過学習**，**過適合**などと呼ばれている．決定木以外の例としては，データ科学入門 II で紹介したサポートベクトルマシン（SVM）において説明変数の交互作用項を増やしていった場合などにも同様の現象が起こる．

本節の最後に，AIC などのモデル選択規準を用いてモデル選択を行う手法と同質性を仮定した予測におけるクロスバリデーションの差異について述べておく．まず，本節ではクロスバリデーションを，データ生成観測メカニズムを陽に仮定せずに予測関数の評価を行うための手法として紹介した．しかし，歴史的にはクロスバリデーションはデータ生成観測メカニズムの仮定と共に用いられ，その理論的性質も様々に研究されている手法であることを補足しておく．詳細は本節末のコラムを参照されたい．ここでは確率的データ生成観測メカニズムの仮定を用いないクロスバリデーションに議論を限定することにすると，AIC などのデータ生成観測メカニズムを仮定しなければ利用できないモデル選択規準との違いとして，本節のクロスバリデーションは同質性さえ仮定すれば使うことができるという点があげられる．しかし，クロスバリデーションにおいてはデータを訓練データと試験データに分ける必要があるため，データの一部が有効に活用されない可能性がある．これに対し，AIC などを用いる場合はすべてのデータをパラメータ推定のために用いることができる．

●コラム　データ生成観測メカニズムを仮定したもとでのクロスバリデーション

本節では，予測関数に転用した際の特徴記述関数の性能を実際に予測を行うことで評価する手法としてクロスバリデーションを紹介した．これには，同質性を仮定した予測においてはデータ生成観測メカニズムの明示的な仮定がないためこのような素朴な性能評価法をとらざるを得ないという側面があった．しかし，クロスバリデーションは元々データ生成観測メカニズムを明示的に仮定したもとで推定量のばらつきを調べたり，モデルを選択したりするための手法として導入され，その理論的性質についても様々な研究がある．

例えば，データ生成観測メカニズムとして重回帰モデルを仮定し，モデル未知の設定のもとで，予測を目的としたモデル選択を行う場合を考える．また，サンプルサイズを n とする．このとき，n 分割交差検証法（したがって，試験データの大きさは 1 となる）によって予測誤差に関する危険関数を近似することができ，n が十分大きいとき，これを評価基準とするモデル選択の結果は AIC を評価基準とするモデル選択の結果に一致することが知られている．このようなクロスバリデーションの方法はジャックナイフ法と呼ばれている．詳細は以下の通りである．

$\underset{\sim}{y}_{n+1}$ の予測問題において 2 乗誤差の期待値

$$\ell(\widehat{y}_{n+1}, \underset{\sim}{D}^n) = \iint (y_{n+1} - \widehat{y}_{n+1}(\underset{\sim}{D}^n, \boldsymbol{x}_{n+1}))^2 \times p(y_{n+1}|\boldsymbol{x}_{n+1}) p(\boldsymbol{x}_{n+1}) \mathrm{d}y_{n+1} \mathrm{d}\boldsymbol{x}_{n+1} \quad (1)$$

を損失関数とする問題を考える[†4]．危険関数は

$$R(\widehat{y}_{n+1}) = \mathbb{E}\left[\ell(\widehat{y}_{n+1}, \underset{\sim}{D}^n)\right] \tag{2}$$

となる．$\widehat{y}_{n+1}$ は $\underset{\sim}{D}^n$ と $\boldsymbol{x}_{n+1}$ の関数だが，任意の関数を考えるのは難しいため $\widehat{y}_{n+1}(\underset{\sim}{D}^n, \boldsymbol{x}_{n+1}) = \widehat{\boldsymbol{\beta}}_m(\underset{\sim}{D}^n)^\top \boldsymbol{\phi}_m(\boldsymbol{x}_{n+1})$ の形に限定し，さらに $\widehat{\boldsymbol{\beta}}_m$ についても AIC のときと同様，最尤推定量に限定する．すると損失関数・危険関数は各モデルに対して以下のように定義される．

$$\ell'(m, \underset{\sim}{D}^n) = \int\int (y_{n+1} - \widehat{\boldsymbol{\beta}}_{m,\mathrm{ML}}(\underset{\sim}{D}^n)^\top \boldsymbol{\phi}_m(\boldsymbol{x}_{n+1}))^2 \\ \times p(y_{n+1}|\boldsymbol{x}_{n+1})p(\boldsymbol{x}_{n+1})\mathrm{d}y_{n+1}\mathrm{d}\boldsymbol{x}_{n+1} \tag{3}$$

$$R'(m) = \mathbb{E}\left[\ell'(m, \underset{\sim}{D}^n)\right] \tag{4}$$

しかし，やはり m^*, $\boldsymbol{\beta}^*_{m^*}$ が未知であるので，この量は計算することができない．$(\underset{\sim}{\boldsymbol{x}}_1, \underset{\sim}{y}_1), \ldots, (\underset{\sim}{\boldsymbol{x}}_n, \underset{\sim}{y}_n), (\underset{\sim}{\boldsymbol{x}}_{n+1}, \underset{\sim}{y}_{n+1})$ が i.i.d. で $p(\boldsymbol{x}, y)$ に従うことから，

$$\frac{1}{n}\sum_{i=1}^{n}\left(\underset{\sim}{y}_i - \widehat{\boldsymbol{\beta}}_{m,\mathrm{ML}}(\underset{\sim}{D}^n)^\top \boldsymbol{\phi}_{m_d}(\underset{\sim}{\boldsymbol{x}}_i)\right)^2 \tag{5}$$

を計算すれば，これが大数の法則から式 (4) に収束すると考えるかもしれない．しかしこれは間違いである．$\widehat{\boldsymbol{\beta}}_{m,\mathrm{ML}}(\underset{\sim}{D}^n)$ を計算するのに $\underset{\sim}{D}^n = (\underset{\sim}{\boldsymbol{x}}_1, \underset{\sim}{y}_1), \ldots, (\underset{\sim}{\boldsymbol{x}}_n, \underset{\sim}{y}_n)$ を使っているので，$\left(\underset{\sim}{y}_i - \widehat{\boldsymbol{\beta}}_{m,\mathrm{ML}}(\underset{\sim}{D}^n)^\top \boldsymbol{\phi}_{m_d}(\boldsymbol{x}_i)\right)^2$, $i = 1, \ldots, n+1$ は i.i.d. ではないというのが理由である．もし，$(\underset{\sim}{\boldsymbol{x}}_1, \underset{\sim}{y}_1), \ldots, (\underset{\sim}{\boldsymbol{x}}_n, \underset{\sim}{y}_n)$ とは別に i.i.d. で $p(\boldsymbol{x}, y)$ に従う $(\underset{\sim}{\boldsymbol{x}}'_1, \underset{\sim}{y}'_1), \ldots, (\underset{\sim}{\boldsymbol{x}}'_{n'}, \underset{\sim}{y}'_{n'})$ が手に入るのであれば

$$\frac{1}{n'}\sum_{i=1}^{n'}\left(\underset{\sim}{y}'_i - \widehat{\boldsymbol{\beta}}_{m,\mathrm{ML}}(\underset{\sim}{D}^n)^\top \boldsymbol{\phi}_m(\underset{\sim}{\boldsymbol{x}}'_i)\right)^2 \tag{6}$$

は式 (3) に収束する．ただし，$\underset{\sim}{\widehat{\boldsymbol{\beta}}}_{m,\mathrm{ML}}$ は $(\underset{\sim}{\boldsymbol{x}}_1, \underset{\sim}{y}_1), \ldots, (\underset{\sim}{\boldsymbol{x}}_n, \underset{\sim}{y}_n)$ から計算される $\boldsymbol{\beta}_m$ の最尤推定量で，$(\underset{\sim}{\boldsymbol{x}}'_1, \underset{\sim}{y}_1), \ldots, (\underset{\sim}{\boldsymbol{x}}'_{n'}, \underset{\sim}{y}'_{n'})$ はこの推定量には使われていないものとする．実際には $(\underset{\sim}{\boldsymbol{x}}'_1, \underset{\sim}{y}'_1), \ldots, (\underset{\sim}{\boldsymbol{x}}'_{n'}, \underset{\sim}{y}'_{n'})$ は手に入らないので，仮想的にそのような状況を作ることを考えるのがクロスバリデーション

[†4] ここでは真の分布が候補となるモデルで表現できることを仮定しない．AIC の説明では議論を簡単にするため真の分布が候補となるモデルの中に含まれていることを仮定したが，この仮定を緩めて危険関数の漸近不偏推定量を求めることもできる．詳しくは例えば竹内啓,"AIC 基準による統計的モデル選択をめぐって,"計測と制御, 22, 44-453, 1983. を参照されたい．

である．$\underset{\sim}{D}^n$ から 1 番目のデータ $(\underset{\sim}{\boldsymbol{x}}_1, \underset{\sim}{y}_1)$ を除いた残りの $n-1$ 個のデータから作った $\underset{\sim}{\widehat{\boldsymbol{\beta}}}^{(1)}_{m,\mathrm{ML}}$ から $\underset{\sim}{y}_1$ の予測量 $\underset{\sim}{\widehat{y}}^{(1)}_1 = \underset{\sim}{\widehat{\boldsymbol{\beta}}}^{(1)\top}_{m,\mathrm{ML}} \boldsymbol{\phi}_m(\underset{\sim}{\boldsymbol{x}}_1)$ を構成し，2 乗誤差 $(\underset{\sim}{y}_1 - \underset{\sim}{\widehat{y}}^{(1)}_1)$ を計算する．次に 2 番目のデータ $(\underset{\sim}{\boldsymbol{x}}_2, \underset{\sim}{y}_2)$ を除いた残りの $n-1$ 個のデータから作った $\underset{\sim}{\widehat{\boldsymbol{\beta}}}^{(2)}_{m,\mathrm{ML}}$ から $\underset{\sim}{y}_2$ の予測量 $\underset{\sim}{\widehat{y}}^{(2)}_2 = \underset{\sim}{\widehat{\boldsymbol{\beta}}}^{(2)\top}_{m,\mathrm{ML}} \boldsymbol{\phi}_m(\underset{\sim}{\boldsymbol{x}}_2)$ を構成し，2 乗誤差 $(\underset{\sim}{y}_2 - \underset{\sim}{\widehat{y}}^{(2)}_2)$ を計算する．これを繰り返すことで，式 (3) の推定量として

$$CV(m) = \frac{1}{n} \sum_{i=1}^{n} \left(\underset{\sim}{y}_i - \underset{\sim}{\widehat{\boldsymbol{\beta}}}^{(i)\top}_{m,\mathrm{ML}} \boldsymbol{\phi}_m(\underset{\sim}{\boldsymbol{x}}_i) \right)^2 \tag{7}$$

が得られる．これを**クロスバリデーション**という．$CV(m)$ が最小のモデルを選択するのだが，これはもっと簡単な形

$$CV(m) = \frac{1}{n} \sum_{i=1}^{n} \left(\frac{\underset{\sim}{y}_i - \widehat{\boldsymbol{\beta}}_{m,\mathrm{ML}}(\underset{\sim}{D}^n)^\top \boldsymbol{\phi}_m(\underset{\sim}{\boldsymbol{x}}_i)}{1 - \boldsymbol{\phi}_m(\underset{\sim}{\boldsymbol{x}}_i)^\top (\boldsymbol{\Phi}_m^\top \boldsymbol{\Phi}_m)^{-1} \boldsymbol{\phi}_m(\underset{\sim}{\boldsymbol{x}}_i)} \right) \tag{8}$$

に書き換えられることが知られている．式 (7) で計算する場合，最尤推定量を求める計算が n 回必要となるが，式 (8) で計算する場合，最尤推定量の計算が 1 回で済むという利点がある．また n が十分大きくなると，$CV(m)$ 最小化によるモデル選択と $AIC(m)$ 最小化によるモデル選択が同じモデルを選択するようになることが知られている．

ここまで議論を簡単にするために損失関数を 2 乗誤差の期待値としてきたが，クロスバリデーションは他の誤差関数に対しても適用することができる．クロスバリデーションを利用したモデル選択の意思決定写像は**図 4.7** のようになる．

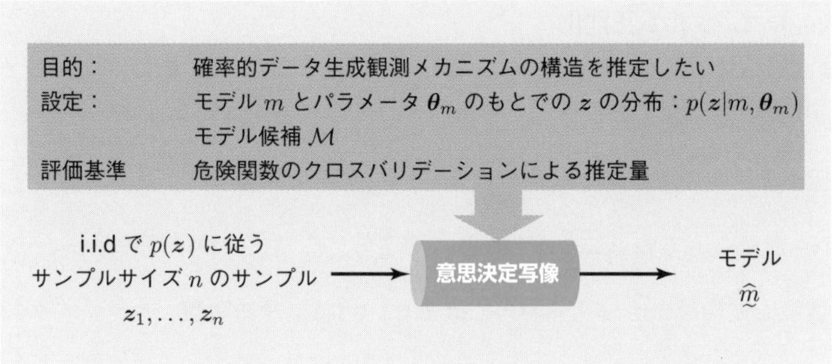
目的：　確率的データ生成観測メカニズムの構造を推定したい
設定：　モデル m とパラメータ $\boldsymbol{\theta}_m$ のもとでの $\boldsymbol{z}$ の分布：$p(\boldsymbol{z}|m, \boldsymbol{\theta}_m)$
モデル候補 $\mathcal{M}$
評価基準　危険関数のクロスバリデーションによる推定量
i.i.d で $p(\boldsymbol{z})$ に従う
サンプルサイズ n のサンプル
$\boldsymbol{z}_1, \ldots, \boldsymbol{z}_n$
意思決定写像
モデル
$\underset{\sim}{\widehat{m}}$

図 4.7　危険関数のクロスバリデーションによる推定量を最小化するモデル選択の意思決定写像

4.4 正 則 化

4.1 節で，同質性を仮定した予測はある種の間接予測であることを述べた．また第 3 章では，モデル未知のデータ生成観測メカニズムを仮定したもとでの間接予測において，予測の前段階の構造推定の評価基準を予測性能を考慮した評価基準（AIC など）に変えることで予測性能を向上させる方法について述べた．同様に考えると，予測に用いるべき特徴記述関数が未知の設定のもとでの同質性を仮定した予測においても，予測の前段階の特徴記述の評価基準を予測性能を考慮した評価基準に変えることで予測性能を向上させることができそうである．ただし，同質性を仮定した予測においては，データ生成観測メカニズムの明示的な仮定がないため，予測性能を直接保証するような評価基準を定めることは難しい．そこで，AIC や構造推定のための正則化，滑らかな関数による特徴記述のアナロジー（類推）に基づく評価基準の変更をここでは紹介する．

本節では，説明のための具体例として，ロジスティック関数

$$g(\boldsymbol{\beta}^\top \boldsymbol{x}) = \frac{1}{1 + e^{-\boldsymbol{\beta}^\top \boldsymbol{x}}} \tag{4.1}$$

に基づく特徴記述関数を予測関数として用いる予測法を考える．i 番目のデータ点の説明変数は $x_{i,1}$, $x_{i,2}$ の 2 つだが，基底関数の候補 $\boldsymbol{\phi}_i$ としてこれらの 3 次までのすべての交互作用項，すなわち $1, x_{i,1}, x_{i,2}, x_{i,1}^2, \ldots, x_{i,2}^3$ を考え，そのどれを予測関数に組み入れるべきかは未知であるという設定で議論を進める．

4.4.1 ℓ_0-ノルム正則化

まず，AIC のアナロジーとして ℓ_0-ノルム正則化を紹介する．AIC が式 (3.50) と表されたことを確認してほしい．この式の定性的な意味を考えると，

$$(\text{確率モデルのデータへの当てはまり}) + (\text{確率モデルのパラメータ数}) \tag{4.2}$$

という形になっていることがわかる．そこで，この式に類似の式として，

$$(\text{特徴記述関数のデータへの当てはまり}) + (\text{特徴記述関数のパラメータ数}) \tag{4.3}$$

を評価基準とする方法がまず考えられる．

式 (4.3) の第 1 項（特徴記述関数のデータへの当てはまりを表す項）には目

的変数や特徴記述関数の種類に応じて様々な評価基準が用いられるが，今回の分類問題の例では，以下の交差エントロピー関数などを用いることができる[†5].

$$-\sum_{i=1}^{n}\left\{y_i\log g(\boldsymbol{\beta}^\top\boldsymbol{\phi}_i)+(1-y_i)\log(1-g(\boldsymbol{\beta}^\top\boldsymbol{\phi}_i))\right\} \tag{4.4}$$

また，今回の例では，式 (4.3) の第 2 項（特徴記述関数のパラメータ数）を，すべての基底関数を用いる予測関数におけるパラメータベクトル $\boldsymbol{\beta}$ の 0 でない成分の数として表すことができる．なぜなら，ある基底関数 $\phi_{i,j}$ が予測関数に含まれないことと，その基底関数の係数パラメータが β_j が 0 であることが等価になるからである．あるベクトルの 0 でない成分の個数は **$\boldsymbol{\ell_0}$-ノルム**と呼ばれ，$\|\boldsymbol{\beta}\|_0$ と表される（これは，2 章で述べた ℓ_p-ノルムの定義 (2.14) において p を限りなく 0 に近づけるとベクトルの非 0 成分数が得られるためである）．そのため，評価基準 (4.3) は以下の式で表すことができる．

$$-\sum_{i=1}^{n}\left\{y_i\log g(\boldsymbol{\beta}^\top\boldsymbol{\phi}_i)+(1-y_i)\log(1-g(\boldsymbol{\beta}^\top\boldsymbol{\phi}_i))\right\}+\lambda\|\boldsymbol{\beta}\|_0 \tag{4.5}$$

このように，特徴記述関数のパラメータの ℓ_0-ノルムを加えた評価基準を用いる手法を ℓ_0-ノルム正則化，評価基準に加えられた項 $\lambda\|\boldsymbol{\beta}\|_0$ を ℓ_0-ノルム正則化項と呼ぶ．ただし，λ は評価基準全体に対する正則化項の影響を調整するために分析者が設定する正の実数であり，**正則化パラメータ**と呼ばれる．しかし，評価基準 (4.5) の最小化は組合せ最適化問題となり，すべての基底関数の選び方に対して式 (4.5) の値を計算，比較する必要があるため，予測関数候補の集合が大きいときには必要な計算量が大きくなる点に注意が必要である．

4.4.2 ℓ_1-ノルム，ℓ_2-ノルム正則化

次に，第 2 章で述べた滑らかな関数による特徴記述や第 3 章で述べた構造推定における正則化のアナロジーとして，ℓ_1-ノルム正則化，ℓ_2-ノルム正則化を紹介する．同質性を仮定した予測における ℓ_1-ノルム正則化，ℓ_2-ノルム正則化も，前章までで述べた正則化によく似た，以下のような式を評価基準に用いる．

[†5] 交差エントロピー関数はデータの背後に確率的データ生成観測メカニズムを仮定したもとでの対数尤度関数として導出することもできる．詳細は第 5 章のコラムを参照のこと．

$$-\sum_{i=1}^{n}\left\{y_i \log g(\boldsymbol{\beta}^\top \boldsymbol{\phi}_i) + (1-y_i)\log(1-g(\boldsymbol{\beta}^\top \boldsymbol{\phi}_i))\right\} + \lambda\|\boldsymbol{\beta}\|_1, \tag{4.6}$$

$$-\sum_{i=1}^{n}\left\{y_i \log g(\boldsymbol{\beta}^\top \boldsymbol{\phi}_i) + (1-y_i)\log(1-g(\boldsymbol{\beta}^\top \boldsymbol{\phi}_i))\right\} + \lambda\|\boldsymbol{\beta}\|_2^2 \tag{4.7}$$

それぞれ，第 1 項が特徴記述関数のデータへの当てはまりを表しており，第 2 項がパラメータの値が大きくなることに対するペナルティを表している．λ は ℓ_0-ノルム正則化と同様の正則化パラメータである．

ここで注意すべきこととしては，滑らかな関数による特徴記述における正則化の目的は滑らかさを考慮に入れて特徴記述関数のパラメータを調整することであり，構造推定における正則化の目的はパラメータ推定において推定量の大きさが大きくなりすぎることを防いだり，それによって推定量の分散を抑えることであって，いずれもモデルを選択することや予測を目的としていたわけではなかったという点である．したがって，同質性を仮定した予測においても正則化は，必ずしも予測に用いるべき特徴記述関数が未知の設定で用いなければならないものではなく，（データ生成観測メカニズムが陽に仮定されないことを抜きにしても）予測性能の向上を直接的に保証するものでもない．しかし，4.2 節で述べたように複雑な特徴記述関数がデータに過適合を起こしてしまうと予測性能が低下する場合があることや，第 2 章で述べたように評価基準に正則化項を加えることで特徴記述関数が滑らかになることを踏まえ，予測性能の向上を期待して広く用いられている．

また，第 2 章で述べたように，ℓ_1-ノルムを正則化項に用いた評価基準の最小化によって得られるパラメータは多くの成分が 0 になる傾向があることが知られている．第 2 章ではこの事実を結果だけ述べたが，本節ではもう一歩踏み込んでこのような傾向が見られる理由を直観的に説明しよう．**図 4.8** は，議論を簡単にするために基底関数の数を 2 つに限定し，それらの係数を $\boldsymbol{\beta} = [\beta_0, \beta_1]^\top$ としたときの，$\boldsymbol{\beta}$ の推定値 $\widehat{\boldsymbol{\beta}}$ を平面上にプロットしたものである．ここで，あるデータに対して交差エントロピーを最小にする $\boldsymbol{\beta}$ が $\widehat{\boldsymbol{\beta}}_{\mathrm{CE}}$ で与えられているとする．すなわち，**図 4.8** において $\widehat{\boldsymbol{\beta}}_{\mathrm{CE}}$ に近い点ほど，式 (4.6) や (4.7) の第 1 項の値が小さくなるとする．また，**図 4.8**(a) における原点を中心とする正方形は $\|\boldsymbol{\beta}\|_1$ が一定となる点を結んだ線である．したがって，$\widehat{\boldsymbol{\beta}}$ と $\widehat{\boldsymbol{\beta}}'$ につい

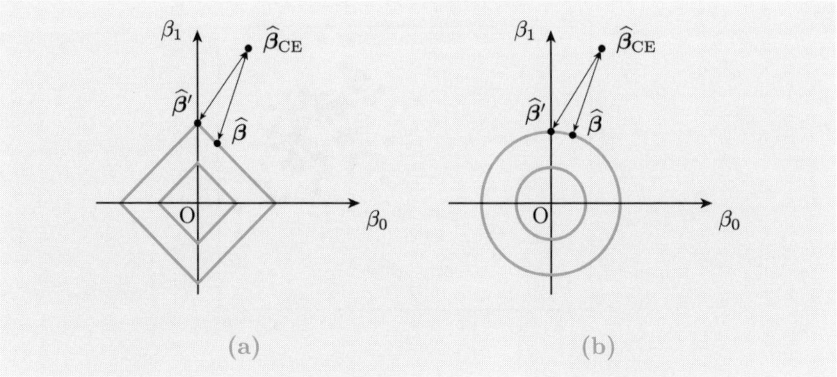

図 4.8 (a)ℓ_1-ノルム正則化と (b)ℓ_2-ノルム正則化の性質の違い

て，$\|\widehat{\boldsymbol{\beta}}\|_1 = \|\widehat{\boldsymbol{\beta}}'\|_1$ が成り立っている．また，$\widehat{\beta}'_0 = 0$ が成り立つことから $\widehat{\boldsymbol{\beta}}'$ の成分には $\widehat{\boldsymbol{\beta}}$ と比べて 0 が多くなっていることにも注意してほしい．このとき，$\widehat{\boldsymbol{\beta}}$ と $\widehat{\boldsymbol{\beta}}'$ のうち式 (4.6) 全体がより小さくなるのは，$\widehat{\boldsymbol{\beta}}_{\mathrm{CE}}$ に近い位置にある $\widehat{\boldsymbol{\beta}}'$ になるということがわかるだろう．つまり，ある推定値 $\widehat{\boldsymbol{\beta}}$ を見つけたとき，それと同じ ℓ_1-ノルムを持ちながら評価基準 (4.6) をなるべく小さくする $\widehat{\boldsymbol{\beta}}$ を探すと，$\boldsymbol{\beta}$ の各成分の軸上にたどり着くことが多いと考えられる．これは，式 (4.6) の $\boldsymbol{\beta}$ に関する最小化問題を解くと，$\boldsymbol{\beta}$ の成分に 0 が多い解が得られやすいということを示唆している．一方，**図 4.8**(b) では，$\|\boldsymbol{\beta}\|_2$ が一定となる点を結んだ線は原点を中心とする同心円となっている．**図 4.8**(a) と同様の考察を行うと，式 (4.7) 全体の値は $\widehat{\boldsymbol{\beta}}'$ より $\widehat{\boldsymbol{\beta}}$ のほうが小さくなり，$\boldsymbol{\beta}$ の各成分における 0 の数が増えるということはないことがわかる．

このように ℓ_1-ノルム正則化にはパラメータの多くの成分を 0 にする傾向があるため，本節の例のようにパラメータを 0 にすることが基底関数を取り除くことに対応するような予測関数においては，結果的に基底関数を選択する効果がある．このことから予測関数候補の集合の大きさが膨大で ℓ_0-ノルム正則化による基底関数選択が計算量的に困難な場合に ℓ_0-ノルム正則化の代替法の意味で ℓ_1-ノルム正則化が用いられることもある．これは，ℓ_1-ノルム正則化における評価基準の最小化が，近接勾配法などの最適化アルゴリズムを用いて ℓ_0-ノルム正則化の全数探索と比べて効率的に実行できるからである．ただし，こ

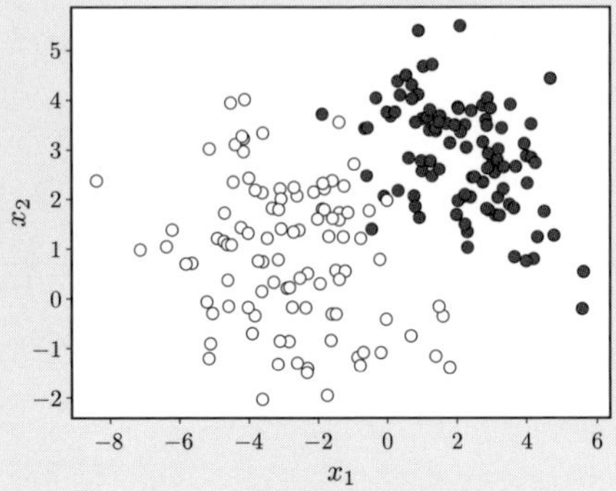

図 4.9　同質性を仮定する分類問題の例で用いるデータ

こでの基底関数の選択は，ℓ_1-ノルム正則化の評価基準を最小にしたことによる副産物として結果的に行われているだけであり，AIC などのモデル選択規準や予測の精度を評価基準として基底関数を選んでいるわけではないという点に注意が必要である．

最後に，これまでの議論に基づき，実際に**図 4.9** のデータに式 (4.7) を評価基準としてロジスティック関数を当てはめた結果が**図 4.10** である．ただし，正則化パラメータは $\lambda = 1$ とした．正則化によって，比較的単純な予測関数が得られていることがわかる．ここでは説明を簡潔にするために，この関数を予測に用いた際の精度については定性的な考察を行うだけに留めるが，式 (4.4) を評価基準に用いて得られた予測関数を用いた場合，中央に飛び地となって現れている領域に $y = 1$（白い点）となるようなデータが得られた場合（周辺のデータの状況を見ると，そのようなデータが得られる見込みは低くはないだろう）には予測を誤ってしまうと考えられる．

最後に，正則化パラメータ λ の決め方について述べておく．実際のデータ分析においては，クロスバリデーションを用いて正則化パラメータ λ の大きさを決めることが多い．結局クロスバリデーションが必要になるという意味では，前節の手法と大きな違いはないと考える読者もいるかもしれないが，正則化パラメータ λ という1つの実数のみを調整すればよいという点は正則化の利点といえるだろう．例えば，今回の例では基底関数として3次までの交互作用項

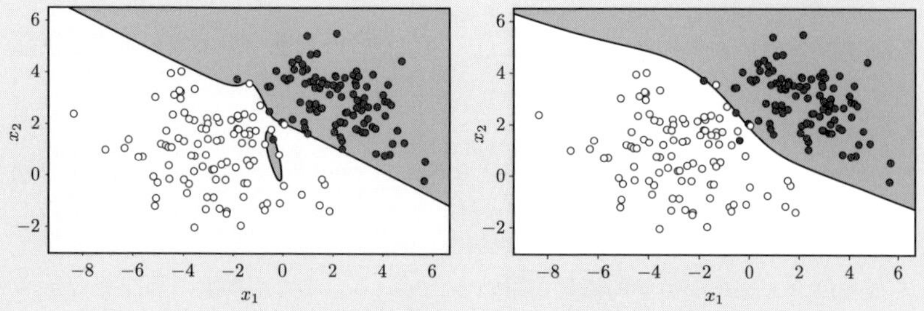

(a) 式 (4.4) に基づく予測関数　(b) 式 (4.7) に基づく予測関数

図 4.10　正則化による予測関数の変化

を用いたが，4 次以上の交互作用を考えると，それらの一つ一つに対して予測関数に取り入れるかどうかをクロスバリデーションで比較検討するには多大な計算量が必要になる．これに対し，正則化を用いる本節の手法では，基底関数の次元をあらかじめ定めたもとで λ の値の候補をいくつか用意し，それを比較するだけでよい．

●コラム　**統計的学習理論**

同質性を仮定した予測のようにデータ生成観測メカニズムを明示的に仮定しない条件のもとでの予測関数の性能を評価する理論として，統計的学習理論を紹介する．基本的な教師あり学習の問題設定では，まず，予測に用いる関数を $f(x;w)$ と表す．$f(x;w)$ は仮説と呼ばれることが多いが，学習器や学習機械と呼ばれることもある．ここで，w は関数の入出力関係を調整するパラメータである．データについては，何らかの確率分布 $p(x_i, y_i)$ に独立に従って生成されるという非常に緩い仮定をおく（統計的学習理論においても，データ生成観測メカニズムに一切の仮定をおかずに予測の良し悪しを論じることはできない）．ここで $p(x_i, y_i)$ は正規分布などのパラメトリックな分布である必要はなく，x_i, y_i の全体についての積分が 1 になることなど，必要最低限の性質を仮定する．さらに予測誤差を 2 乗誤差 $(y - f(x; w))^2$ に基づいて定める場合，ある予測関数 $f(x; w)$ の新規データに対する予測の良し悪しは

$$\iint (y_{n+1} - f(x_{n+1}; w))^2 p(x_{n+1}, y_{n+1}) \mathrm{d}x_{n+1} \mathrm{d}y_{n+1} \tag{1}$$

によって評価される．この式を理論的に評価するために，VC 次元，ラデマッハ複雑度など様々な数学的道具が用いられている．また，本論の脚注でも述べたように，試験データ $(x_{m+1}, y_{m+1}), (x_{m+2}, y_{m+2}), \ldots, (x_n, y_n)$ に対する誤差 $\frac{1}{n-m} \sum_{j=1}^{n-m} (y_{m+j} - f(x_{m+j}; w))^2$ はこの式の期待値を算術平均で置き換えたものと捉えることもできる．

次に，統計的学習理論における諸概念を統計的決定理論における諸概念と対比してみる．まず，統計的学習理論における予測関数は $f(x; w)$ という形で表されることが仮定されており，w の調整によって表現できない関数は議論の対象に含めていない．これは例えば，$f(\boldsymbol{x}; \boldsymbol{w})$ として線形関数 $\boldsymbol{w}^\top \boldsymbol{x}$ の形で表される関数だけを考える，決定木として表現可能な関数だけを考える，といった仮定をおいていることになる．一方，統計的決定理論において予測値を出力する関数は決定関数 $d(x^n, y^n, x_{n+1})$ であるが，この関数の関数型については基本的に制約をおいていない．定義域を既知データ，値域を新規データとするあらゆる関数が議論の対象である．これに対しデータ生成観測メカニズムについては，統計的学習理論ではデータが何らかの確率分布に従うという以上の仮定を基本的におかない．一方，統計的決定理論では，データがパラメトリックな確率モデルに従うという仮定をおくことが多い．最後に，評価基準について，上で説明した統計的学習理論における予測関数の評価基準は，統計的決定理論では以下の損失関数に近いものと考えられる．

$$\iint (y_{n+1} - d(x^n, y^n, x_{n+1}))^2 p(y_{n+1} | x_{n+1}, \theta) p(x_{n+1}) \mathrm{d}x_{n+1} \mathrm{d}y_{n+1} \tag{2}$$

しかし，未知パラメータ w, θ の含まれる場所が予測関数か，データ生成観測メカニズムかという点が異なっている．これらの違いは，機械 $f(x_{n+1}; w)$ に高度な処理を自動的に獲得させたいという機械学習のモチベーションと，サンプルから母集団 $p(y_{n+1} | x_{n+1}, \theta)$ の性質を明らかにしたい（それによって新規データの予測などの処理も可能となる）という統計学のモチベーションの違いから来るものかもしれない．

●コラム　アンサンブル学習

本書では詳しく取り上げないが，同質性を仮定した予測の予測性能を改善する方法としてアンサンブル学習がある．アンサンブル学習は，一部のデータの特徴はよく表すものの全体をうまく表すとは限らないような特徴記述関数の出力の重み付き平均をとることによって，全体として予測性能の高い予測関数を構成することを目指す手法である．この枠組みでは，個々の特徴記述関数は弱学習器と呼ばれることが多い．例えば，ランダムフォレストは，複数の決定木を弱学習器として用いたアンサンブル学習手法であり，単一の決定木を用いた予測と比べて予測精度が大きく改善されることが知られている．アンサンブル学習においては多様な特徴記述関数（弱学習器）をどのように用意し，その出力をどのように重み付けるかが問題となる．ランダムフォレストの場合は，訓練データの一部を抽出することで小さな訓練データ（ブートストラップサンプルと呼ばれる）を多数用意し，そのそれぞれに対して決定木を構築したり，決定木の内部ノードに割り当てる説明変数の種類を制限したりすることで多様な決定木を用意し，それぞれの出力を均等な重みで重み付ける方法が一般的である．

一方，モデル未知のデータ生成観測メカニズムを仮定したもとでの予測においては，いくつかのモデルのもとでの推定量を重み付けて用いる手法が自然に導出される場合もある．3.5 節で述べた，予測に対するベイズ危険関数を評価基準とした直接予測がその一つの例である．式 (3.61) は，各モデルのもとで計算した予測分布をモデルの事後確率で重み付けたものになっている．ただし，アンサンブル学習は弱学習器を重み付けるという形式の意思決定写像を用いることで予測性能を改善したいという意図を出発点として説明されることが多いのに対し，式 (3.61) の導出過程には，意思決定写像の形式についての意図は一切なく，純粋に予測に対するベイズ危険関数を最小化した際の当然の帰結として複数のモデルの予測分布を重み付けるという形式が得られていることに注意されたい．

しかしながら，新規データが与えられてから予測値を出力するまでのアルゴリズムとして両者を比較すると，いずれも複数の予測値を重み付けるという処理になっており，この点は大変興味深いといえよう．このように，複数のモデルのもとでの推定量を重み付けるアルゴリズムは，（ベイズ決定理論などの導出背景を伴うかどうかとは無関係に）モデル平均化法と呼ばれ，重みに事後確率を用いるモデル平均化法はベイズモデル平均化法と呼ばれている．

第5章 ニューラルネットワーク

本章では，近年注目を集めているニューラルネットワークについて説明する．ニューラルネットワークは説明変数と目的変数の関係が非常に複雑な場合に効果を発揮する手法で，同質性を仮定した予測の問題に利用される．本章ではまず説明変数を基底関数で変換する回帰について復習し，次にこの基底関数をあるクラスに限定したニューラルネットワークについて説明する．さらにこの考えを再帰的に拡張したディープニューラルネットワークについて学ぶ．これらニューラルネットワークおよびディープニューラルネットワークは非常に複雑な予測関数を構築することができるため，学習に用いることができるデータ数が多い場合の予測問題において効果を発揮する．

5.1 目的変数を表現する非線形な関係式

本節ではニューラルネットワークを理解する上で重要な，目的変数を表現する非線形な関係を表現する2つのモデルについて説明する．これらはすでに学んでいる内容ではあるが，本章の理解を深めるために重要な役割を持つ．1つ目は説明変数を基底関数で変換した後にそれらの線形和で目的変数を表現するモデルであり，2つ目は説明変数の線形和をとった後にある関数で変換したもので目的変数を表現する，一般化線形モデルと呼ばれるモデルである．

5.1.1 説明変数を基底関数で変換する関係式

目的変数を表現する非線形な関係式の1つ目として，すでに第2章で扱った説明変数を基底関数で変換する回帰について復習する．話を簡単にするために，ここでは特徴記述を目的とした場合を例として説明する．

説明変数ベクトル $\boldsymbol{x} = [1, x_1, x_2, \ldots, x_p]^\top$ に対して j 番目の基底関数を $\phi_j(\boldsymbol{x})$ と書いて，説明変数ベクトルを変換する関数とする[†1]．このとき，説明変数と量的変数である目的変数の関係を表す次の回帰式を考える．

$$f(\boldsymbol{x}) = \beta_0 + \beta_1\phi_1(\boldsymbol{x}) + \beta_2\phi_2(\boldsymbol{x}) + \cdots + \beta_d\phi_d(\boldsymbol{x}) \tag{5.1}$$

ここでは d 個の異なる基底関数 $\phi_1, \phi_2, \ldots, \phi_d$ を用いており，これらの基底関数はあらかじめ分析者が決めておく必要がある．ただし $\beta_0, \beta_1, \ldots, \beta_d$ はパラメータである．ここで記述を見通しよくするために，ベクトルでの表現を行う．まず説明変数ベクトル $\boldsymbol{x}$ が与えられたもとで，d 個の各基底関数の出力を並べたベクトルを $\boldsymbol{\phi}(\boldsymbol{x}) = [1, \phi_1(\boldsymbol{x}), \phi_2(\boldsymbol{x}), \ldots, \phi_d(\boldsymbol{x})]^\top$ と表記する．さらにパラメータのベクトルを $\boldsymbol{\beta} = [\beta_0, \beta_1, \ldots, \beta_d]^\top$ と書く．これらの表記を用いると，式 (5.1) は次式のように簡単に記述できる．

$$f(\boldsymbol{x}) = \boldsymbol{\beta}^\top\boldsymbol{\phi}(\boldsymbol{x}) \tag{5.2}$$

例 5.1.1 ここで，すでに学んだケースの基底関数を例として記載する．

(1)　2 つの説明変数 x_1, x_2 に対する線形回帰関係
$\boldsymbol{x} = [1, x_1, x_2]^\top$ である点に注意して，$\phi_1(\boldsymbol{x}) = x_1$，$\phi_2(\boldsymbol{x}) = x_2$ と基底関数を決めると，式 (5.1) は

$$f(\boldsymbol{x}) = \beta_0 + \beta_1 x_1 + \beta_2 x_2 \tag{5.3}$$

となり，通常の線形回帰の関係式となる．

(2)　1 つの説明変数 x_1 に対する 3 次多項式の関係
$\boldsymbol{x} = [1, x_1]^\top$ として，$\phi_1(\boldsymbol{x}) = x_1$，$\phi_2(\boldsymbol{x}) = x_1^2$，$\phi_3(\boldsymbol{x}) = x_1^3$ と基底関数を決めると，式 (5.1) は

$$f(\boldsymbol{x}) = \beta_0 + \beta_1 x_1 + \beta_2 x_1^2 + \beta_3 x_1^3 \tag{5.4}$$

となり，3 次多項式の関係式となる．

(3)　3 つの説明変数 x_1, x_2, x_3 に対する交互作用項を含む関係
$\boldsymbol{x} = [1, x_1, x_2, x_3]^\top$ として，$\phi_1(\boldsymbol{x}) = x_1$，$\phi_2(\boldsymbol{x}) = x_2$，$\phi_3(\boldsymbol{x}) = x_3$，

[†1] ここでは説明変数ベクトルに定数 1 を含めて記述する．

$\phi_4(\boldsymbol{x}) = x_1x_2$，$\phi_5(\boldsymbol{x}) = x_1x_3$，$\phi_6(\boldsymbol{x}) = x_2x_3$ と基底関数を決めると，式 (5.1) は

$$f(\boldsymbol{x}) = \beta_0 + \beta_1x_1 + \beta_2x_2 + \beta_3x_3 + \beta_4x_1x_2 + \beta_5x_1x_3 + \beta_6x_2x_3 \quad (5.5)$$

となり，すべての 2 次の交互作用項を含む関係式となる．

(4) 3 つの説明変数 x_1, x_2, x_3 に対する様々な基底関数の例

$\boldsymbol{x} = [1, x_1, x_2, x_3]^\top$ として，$\phi_1(\boldsymbol{x}) = \log(x_1)$，$\phi_2(\boldsymbol{x}) = \exp(x_2)$，$\phi_3(\boldsymbol{x}) = \sin(x_3)$ と基底関数を決めると，式 (5.1) は

$$f(\boldsymbol{x}) = \beta_0 + \beta_1\log(x_1) + \beta_2\exp(x_2) + \beta_3\sin(x_3) \quad (5.6)$$

のような関係式となる．■

この例からわかるように，式 (5.1)，(5.2) は説明変数に対して非線形な非常に多様な関係式を表現することができる．また基底関数はあらかじめ分析者が決めておくものであるため，説明変数の値が決まるとこの基底関数の値も一意に定まる点に注意していただきたい．したがって，特徴記述を目的とした場合に，未知となるパラメータは $\beta_0, \beta_1, \ldots, \beta_d$ のみであり，これらの未知パラメータに対して関係式は線形関係である．したがって，データが与えられたもとでこれらのパラメータを決めるのは一般に難しくない．

5.1.2 一般化線形モデル

目的変数を説明変数の非線形な関係式で表現する方法の 2 つ目として，**一般化線形モデル**がある．ここでは記述を正確にするために，生成観測メカニズムに基づいて説明する．一般化線形モデルは，説明変数ベクトルが与えられたもとで，目的変数の期待値が説明変数の線形和の関数で与えられる関係式として表現される．より具体的には，説明変数ベクトル $\boldsymbol{x} = [1, x_1, x_2, \ldots, x_p]^\top$ が与えられたもとで，目的変数の確率変数 $\underset{\sim}{y}$ に対する期待値 $\theta_{\underset{\sim}{y}}$ が，ある関数 $g(\cdot)$ を用いて次式で表されるモデルである[†2]．

$$\theta_{\underset{\sim}{y}} = g(w_0 + w_1x_1 + w_2x_2 + \cdots + w_px_p) = g(\boldsymbol{w}^\top\boldsymbol{x}) \quad (5.7)$$

ただし $\boldsymbol{w} = [w_0, w_1, \ldots, w_p]^\top$ は一般化線形モデルのパラメータである．

[†2] ここで関数 $g(\cdot)$ の逆関数は**リンク関数**と呼ばれる．

例えば 2 値分類としてすでに学んだロジスティック回帰は一般化線形モデルの一種である．具体的には，2 値分類の場合目的変数は 0 か 1 の値をとる質的変数で，ロジスティック回帰の場合には説明変数ベクトルが与えられたもとでの目的変数の期待値が $\theta_{\underset{\sim}{y}} = p(\underset{\sim}{y} = 1|\boldsymbol{x})$ であることに注意すると，目的変数と説明変数の関係式として次式が成り立つ[†3]．

$$\theta_{\underset{\sim}{y}} = g_{\mathrm{Sig}}(\boldsymbol{w}^\top \boldsymbol{x}) \tag{5.8}$$

ここで関数 $g_{\mathrm{Sig}}(\cdot)$ は**シグモイド関数**である．シグモイド関数は関数の入力を実数 u としたときに

$$g_{\mathrm{Sig}}(u) = \frac{1}{1 + \exp(-u)} \tag{5.9}$$

で定義される．**図 5.1** にシグモイド関数 $g_{\mathrm{Sig}}(u)$ のグラフを示す．シグモイド関数は入力 u が小さいほど（u が原点から負の方向に離れるほど）出力は 0 に近づき，u が正の方向に大きくなるほど出力は 1 に近づく．

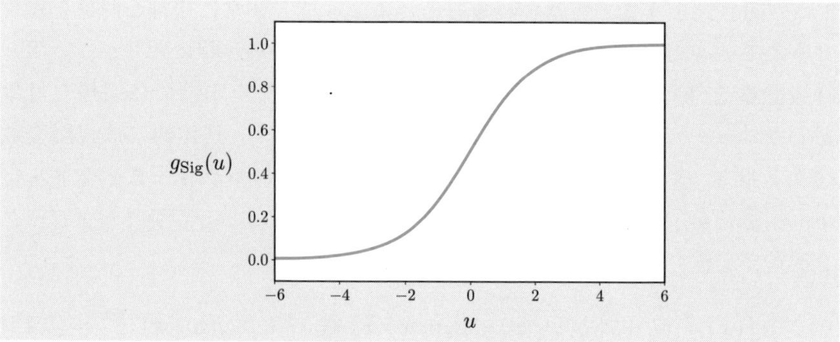

図 5.1　シグモイド関数

ここで 0 か 1 のどちらかの値をとる確率変数 $\underset{\sim}{y}$ に対して

$$\log \frac{p(\underset{\sim}{y} = 1|u)}{p(\underset{\sim}{y} = 0|u)} = u \tag{5.10}$$

とおくと，シグモイド関数を用いて $p(\underset{\sim}{y} = 1|u) = g_{\mathrm{Sig}}(u)$ が成り立つ．この関

[†3] 詳細についてはデータ科学入門 II を参照されたい．

係を改めて文章で書くと，1 か 0 をとる $\underset{\sim}{y}$ の確率比の対数が u だったとき，$\underset{\sim}{y}$ が 1 をとる確率はシグモイド関数の出力と一致する[†4]．したがって u が小さいと（負の方向に原点から離れると）$\underset{\sim}{y}$ が 1 となる確率は 0 に近づき（すなわち $\underset{\sim}{y}$ が 0 となる確率は 1 に近づき），u が正の方向に大きいと $\underset{\sim}{y}$ が 1 となる確率は 1 に近づく．

このように一般化線形モデルでは目的変数を表現する説明変数ベクトル $\boldsymbol{x}$ の非線形な関係式として，あらかじめ決められた関数 $g(\cdot)$ を用いて

$$f(\boldsymbol{x}) = g(\boldsymbol{w}^\top \boldsymbol{x}) \tag{5.11}$$

のように表現する．

5.2　ニューラルネットワーク

さて本節で説明する**ニューラルネットワーク**は 5.1.1 項で述べた基底関数による関係式 (5.1) と 5.1.2 項で述べた一般化線形モデルの関係式 (5.11) の 2 つの関係式をうまく組み合わせることによって，非常に複雑な関係を表現できるモデルである．本節以降は話を簡単にするため，特に断りがない限り特徴記述を目的とした場合を例として説明する．また本節では回帰を対象としたニューラルネットワークについて説明を行う．具体的には説明変数ベクトル $\boldsymbol{x} = [1, x_1, x_2, \ldots, x_p]^\top$ に対して j 番目のパラメータベクトルを $\boldsymbol{w}_j = [w_{j0}, w_{j1}, \ldots, w_{jp}]^\top$ と表記して，回帰に対するニューラルネットワークを次式で定義する[†5]．

$$f(\boldsymbol{x}) = \beta_0 + \beta_1 g(\boldsymbol{w}_1^\top \boldsymbol{x}) + \beta_2 g(\boldsymbol{w}_2^\top \boldsymbol{x}) + \cdots + \beta_d g(\boldsymbol{w}_d^\top \boldsymbol{x}) \tag{5.12}$$

この式は 5.1.1 項で述べた関係式 (5.1) の j 番目の基底関数の部分を，パラメータベクトルを $\boldsymbol{w}_j$ とした一般化線形モデルの関係式 (5.11) に置き換えたものであることがわかる．ここで式 (5.12) の中で共通の関数 $g(\cdot)$ は**活性化関数**と呼ばれる．

[†4] 式 (5.8) ではこの関係を用いていることは明らかであろう．

[†5] 正確には順伝播型ニューラルネットワークの一種である．ここではまずイメージをつかむことを優先して，基礎となるシンプルなニューラルネットワークから説明を行う．

活性化関数としては，ロジスティック回帰の関係式を基底関数として用いる形式となるシグモイド関数が歴史的によく利用されてきた．一方，近年よく利用される活性化関数として **ReLU 関数**（Rectified Linear Unit 関数）がある[†6]．その他の活性化関数については後述することにして，ここでは最も簡単な ReLU 関数について説明する．ReLU 関数は関数の入力を実数 u としたときに

$$g_{\mathrm{ReLU}}(u) = \max\{0, u\} = \begin{cases} u, & u \geq 0 \\ 0, & u < 0 \end{cases} \tag{5.13}$$

で定義され，ランプ関数とも呼ばれる．**図 5.2** に ReLU 関数 $g_{\mathrm{ReLU}}(u)$ のグラフを示す．関数の定義およびグラフを見てわかる通り，入力 u が負の値の時には 0 を出力し，u が正の時には u の値そのものを出力する簡単な関数である．

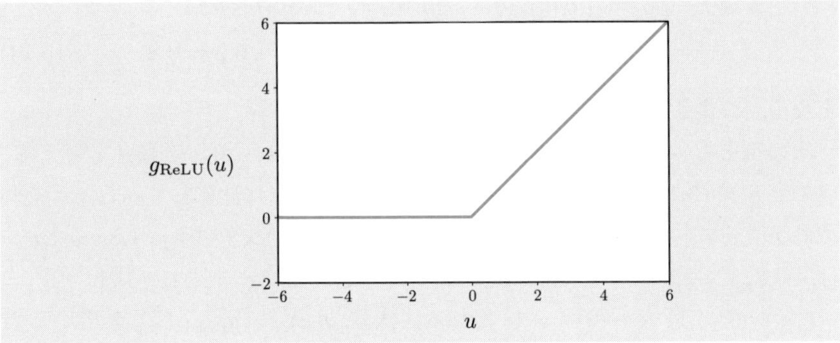

図 5.2 ReLU 関数

例 5.2.1 ここでは具体的なニューラルネットワークの例を用いて，ニューラルネットワークの関係式の理解を深める．この例のニューラルネットワークの活性化関数は ReLU 関数を用いるものとする．すなわち $g(u) = g_{\mathrm{ReLU}}(u)$ とする．簡単のために説明変数は 1 つ x_1 のみ（$p = 1$）とし，基底関数の数 d は 3 とする．ニューラルネットワークの基底関数に出てくるパラメータベクトルは，この例では $\boldsymbol{w}_j = [w_{j0}, w_{j1}]^\top$，$j = 1, 2, 3$ となる．ここでは

[†6] ReLU 関数を単に ReLU と呼ぶことも多いが，本書では関数を明示的につける．他の活性化関数も同様である．

具体例を考えることにして，基底関数のパラメータベクトルの値をそれぞれ $\boldsymbol{w}_1 = [-0.2, -1]^\top$，$\boldsymbol{w}_2 = [1, -0.8]^\top$，$\boldsymbol{w}_3 = [-1, -1]^\top$ とし，もう一つのパラメータベクトル $\boldsymbol{\beta}$ は $\boldsymbol{\beta} = [\beta_0, \beta_1, \ldots, \beta_d]^\top = [1, 1, -1, 1]^\top$ とする．このとき，ニューラルネットワークの具体的な入力 $\boldsymbol{x} = [1, x_1]^\top$ から出力 $f(\boldsymbol{x})$ を計算してみる．

まず最初の例として $x_1 = 1$ の場合，すなわち $\boldsymbol{x} = [1, 1]^\top$ の場合を考える．このとき式 (5.12) の基底関数への入力部分をそれぞれ計算してみると，それぞれ $\boldsymbol{w}_1^\top \boldsymbol{x} = [-0.2, -1][1, 1]^\top = -0.2 \times 1 + (-1) \times 1 = -1.2$，$\boldsymbol{w}_2^\top \boldsymbol{x} = [1, -0.8][1, 1]^\top = 1 \times 1 + (-0.8) \times 1 = 0.2$，$\boldsymbol{w}_3^\top \boldsymbol{x} = [-1, -1][1, 1]^\top = -1 \times 1 + (-1) \times 1 = -2$ となる．次に $g(u) = g_{\mathrm{ReLU}}(u)$ を用いると $g(\boldsymbol{w}_1^\top \boldsymbol{x}) = g(-1.2) = 0$，$g(\boldsymbol{w}_2^\top \boldsymbol{x}) = g(0.2) = 0.2$，$g(\boldsymbol{w}_3^\top \boldsymbol{x}) = g(-2) = 0$ となる．結果的に，式 (5.12) を計算すると，

$$
\begin{aligned}
f(\boldsymbol{x}) &= \beta_0 + \beta_1 g(\boldsymbol{w}_1^\top \boldsymbol{x}) + \beta_2 g(\boldsymbol{w}_2^\top \boldsymbol{x}) + \beta_3 g(\boldsymbol{w}_3^\top \boldsymbol{x}) \\
&= 1 + 1 \times 0 + (-1) \times 0.2 + 1 \times 0 = 1 - 0.2 = 0.8 \qquad (5.14)
\end{aligned}
$$

となる．つまり $f([1, 1]^\top) = 0.8$ と計算できた．

次の例として $x_1 = -2$ の場合，すなわち $\boldsymbol{x} = [1, -2]^\top$ の場合を考える．このとき式 (5.12) の基底関数への入力部分をそれぞれ計算してみると，それぞれ $\boldsymbol{w}_1^\top \boldsymbol{x} = [-0.2, -1][1, -2]^\top = -0.2 \times 1 + (-1) \times (-2) = 1.8$，$\boldsymbol{w}_2^\top \boldsymbol{x} = [1, -0.8][1, -2]^\top = 1 \times 1 + (-0.8) \times (-2) = 2.6$，$\boldsymbol{w}_2^\top \boldsymbol{x} = [-1, -1][1, -2]^\top = -1 \times 1 + (-1) \times (-2) = 1$ となる．次に $g(u) = g_{\mathrm{ReLU}}(u)$ を用いると $g(\boldsymbol{w}_1^\top \boldsymbol{x}) = g(1.8) = 1.8$，$g(\boldsymbol{w}_2^\top \boldsymbol{x}) = g(2.6) = 2.6$，$g(\boldsymbol{w}_3^\top \boldsymbol{x}) = g(1) = 1$ となる．結果的に，この例について式 (5.12) を計算すると，

$$
\begin{aligned}
f(\boldsymbol{x}) &= \beta_0 + \beta_1 g(\boldsymbol{w}_1^\top \boldsymbol{x}) + \beta_2 g(\boldsymbol{w}_2^\top \boldsymbol{x}) + \beta_3 g(\boldsymbol{w}_3^\top \boldsymbol{x}) \\
&= 1 + 1 \times 1.8 + (-1) \times 2.6 + 1 \times 1 = 1 + 1.8 + (-2.6) + 1 = 1.2 \qquad (5.15)
\end{aligned}
$$

となる．つまり $f([1, -2]^\top) = 1.2$ と計算できた．

最後に，本例における説明変数 x_1 とニューラルネットワークの出力 $f(\boldsymbol{x})$ の関係を**図 5.3** に示す．この図では説明変数 x_1 の値を横軸にとり，対応する $f(\boldsymbol{x})$ の値を縦軸にとっている．ReLU 関数はとても単純だが，この関数を活

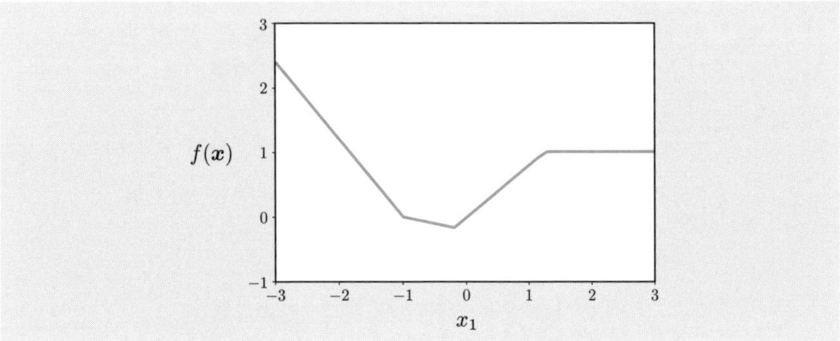

図 5.3 ニューラルネットワークの関係式の例

性化関数としたニューラルネットワークの関係式は複雑な関係を折れ線で表現できていることがわかる. ■

5.3 ニューラルネットワークのグラフによる表現

ここでニューラルネットワークの理解を助け，またその拡張を行うときにも便利なニューラルネットワークのグラフ表現を導入する．そのための要素となる**図 5.4** の記号を説明する．

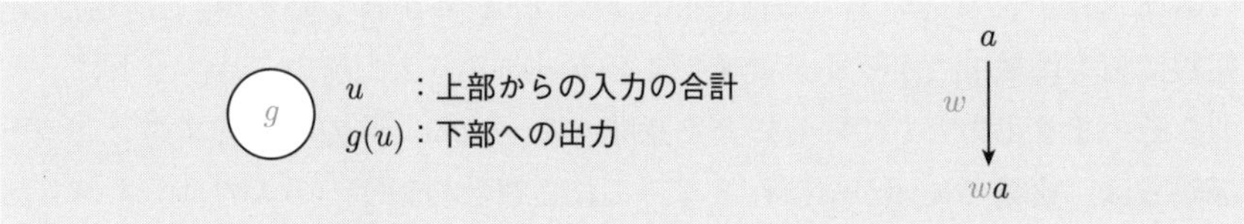

図 5.4 ニューラルネットワークの記号

図 5.4 の左側の ◯ 記号を**ユニット**あるいは**ニューロン**と呼ぶ．ユニットには上部からいくつかの実数の入力があり，またユニットに対応する活性化関数が存在する[†7]．ユニットの役割は，上部からのいくつかの実数の入力の和（これを u とする）に対して，$g(u)$ をユニットの下部に出力することである．また**図 5.4** の右側の矢印記号には，矢印に入る 1 つの数値（図中では a）と矢印に

[†7] ここでは活性化関数を明示するため，◯ の中に活性化関数 g を書いている．一般にはこの活性化関数を図中では明示しないことも多い．

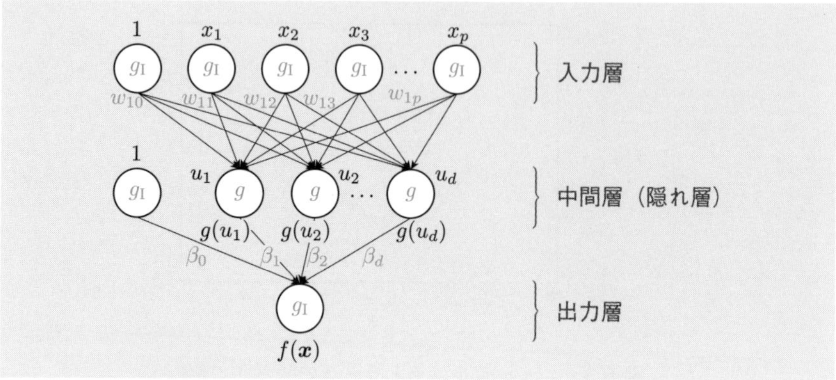

図 5.5 ニューラルネットワークのグラフによる表現

対応するパラメータ（図中では w）が存在し，矢印の出力はこれらの積 wa とする．これらの記号を用いて，式 (5.12) の関係式をグラフとして表現した図を**図 5.5** に示す．

まず，図の一番上には説明変数ベクトル $\boldsymbol{x} = [1, x_1, x_2, \ldots, x_p]^\top$ の各要素が並んでいる．また各要素の下には ◯ 記号のユニットが並んでおり，各ユニットへの入力が説明変数ベクトルの要素になっていることを意味する．また図の一番上にあるこれらのユニットの集合は**入力層**と呼ばれる．ここでこの入力層の各ユニットに対応している活性化関数は g_I と書かれているが，この活性化関数は恒等関数 $g_\mathrm{I}(u) = u$ を意味している．つまり入力層の各ユニットは，入力をそのまま出力としていることを意味する．次に，入力層の各ユニットの下部からは，複数の矢印が結ばれてる．これら複数の矢印への入力は，すべて同じユニットの出力の値とする点に注意されたい．例えば，説明変数 x_1 を入力とする入力層のユニットの出力は x_1 だが，このユニットの下部から出ている複数の矢印への入力は，すべてこのユニットの出力 x_1 である．

さて入力層のユニットから出ている矢印を見ると，図の中段にある複数のユニットに向かって矢印が出ているのが見てとれる．この中段のユニットの集合を**中間層**あるいは**隠れ層**と呼ぶ．図中の中段にある中間層のユニットには，入力層から唯一つながっていない一番左のユニットがあり，このユニットの入力は特別に 1 とする．またこのユニットは特別に活性化関数が恒等関数 g_I となっており，ユニット下部の出力は 1 となる．このユニット以外は入力層から矢印でつながっていて，ユニットの上部に u_j，$j = 1, 2, \ldots, d$ が書かれている．この d のことを中間層のユニット数と呼ぶ[†8]．いま x_i，$i = 1, 2, \ldots, p$ を入力とする入力層のユニットと，u_j と書かれた中間層のユニットを結ぶ矢印について，この矢印に対応するパラメータを w_{ji} と書く．また 1 を入力とする入力層のユニットと，u_j と書かれた中間層のユニットを結ぶ矢印に対応するパラメータを w_{j0} と書く[†9]．**図 5.5** では入力層の各ユニットと u_1 と書かれた中間層のユニットを結ぶ各矢印の上部に，それぞれ対応するパラメータ $w_{10}, w_{11}, w_{12}, w_{13}, \ldots, w_{1p}$ を記載した．他の矢印のパラメータは省略しているが，同じように矢印ごとにパラメータが存在している点に注意されたい．このとき**図 5.4** の右側の性質を使って，パラメータ w_{ji} を持つ矢印ではその矢印の入力とこのパラメータの積が矢印の出力となる．例えばパラメータ w_{13} を持つ矢印への入力は x_3 なので[†10]，この矢印の出力は $w_{13}x_3$ となる．次に j 番目の中間層のユニット（u_j と書かれたユニット）に着目すると，その上部には複数の矢印が接続されている．このとき**図 5.4** の左側の性質を使って，ユニット上部に接続された矢印の出力の和を u_j とする．少しわかりにくいので，より具体的にこの u_j を求めてみる．u_j と書かれた中間層のユニットの上部に接続された各矢印の出力は，左から $w_{j0} \times 1$, $w_{j1}x_1$, $w_{j2}x_2, \ldots, w_{jp}x_p$ である．u_j はこれらの和として

$$u_j = w_{j0} + w_{j1}x_1 + w_{j2}x_2 + \cdots + w_{jp}x_p = \boldsymbol{w}_j^\top \boldsymbol{x} \tag{5.16}$$

となる．ただし $\boldsymbol{w}_j = [w_{j0}, w_{j1}, w_{j2}, \ldots, w_{jp}]^\top$，$\boldsymbol{x} = [1, x_1, x_2, \ldots, x_p]^\top$ としてベクトルの内積を用いた．さて中間層の j 番目のユニットでは u_j を計算した後，さらに活性化関数 g を用いて $g(u_j)$ を計算し，これをユニットの出力とする．結果的に中間層の各ユニット下部の出力は，一番左のユニットが 1 で，それ以外はそれぞれ左から $g(u_1), g(u_2), \ldots, g(u_d)$ となる．

[†8] 中間層の入力が 1 となっている一番左のユニットはユニット数に含めないことが多い．

[†9] このパラメータを他のパラメータと区別して**バイアス項**と呼ぶことがある．一方で他のパラメータと特に区別して扱わないことも多い．

[†10] 入力層のユニットの出力はそのユニットへの入力と同じであるため，x_3 を入力とする入力層のユニットの出力は x_3 である点に注意されたい．

さて，**図 5.5** の一番下にあるユニットの集合（ここでは1つのユニット）は**出力層**と呼ばれる．中間層の各ユニットの下部から出た矢印は，出力層のユニットの上部に接続されている．このとき**図 5.5** においてこれらの矢印に対応するパラメータはそれぞれ左から $\beta_0, \beta_1, \beta_2, \ldots, \beta_d$ である．したがって再び**図 5.4** の右側の性質を使って，各矢印の出力（そして出力層のユニット上部に入る値）としては，それぞれ左から $\beta_0 \times 1, \beta_1 g(u_1), \beta_2 g(u_2), \ldots, \beta_d g(u_d)$ となる．また出力層のユニットでは**図 5.4** の左側の性質を使って，その上部に入った複数の値の和をとり，これをこのユニットの活性化関数で変換した値を下部に出力する．**図 5.5** における出力層のユニットの活性化関数は恒等関数 g_{I} なので，上部の値の和がそのまま出力される．すなわち，**図 5.5** の出力層のユニットの下部に出力される値 $f(\boldsymbol{x})$ は

$$f(\boldsymbol{x}) = \beta_0 + \beta_1 g(u_1) + \beta_2 g(u_2) + \cdots + \beta_d g(u_d) \tag{5.17}$$

となる．ここで式 (5.16) の関係をこの式に代入すると，結果的に $f(\boldsymbol{x})$ は

$$f(\boldsymbol{x}) = \beta_0 + \beta_1 g(\boldsymbol{w}_1^\top \boldsymbol{x}) + \beta_2 g(\boldsymbol{w}_2^\top \boldsymbol{x}) + \cdots + \beta_d g(\boldsymbol{w}_d^\top \boldsymbol{x}) \tag{5.18}$$

となることがわかる．この結果は，前に説明したニューラルネットワークの関係式 (5.12) と同じである．このようにニューラルネットワークの関係式をグラフで表現することができた．

5.4 回帰に対するニューラルネットワークの意思決定写像

話を簡単にするために，ニューラルネットワークの関係式によりデータの特徴記述を行うことを目的とする．いま特徴記述を行いたいデータが n 個の組 $(\boldsymbol{x}_1, y_1), (\boldsymbol{x}_2, y_2), \ldots, (\boldsymbol{x}_n, y_n)$ からなるものとする．ここで $\boldsymbol{x}_k = [1, x_{k1}, x_{k2}, \ldots, x_{kp}]^\top$ は k 番目の説明変数ベクトルであり，それぞれの要素は実数値である．また y_k は目的変数の値で，前節と同じ実数値をとる回帰の場合を考える．このとき，このデータを「最も良く」特徴記述するニューラルネットワークの関係式を出力する意思決定写像を考えることが目的となる．ここでニューラルネットワークの関係式 (5.12) における $\boldsymbol{w}_j$,

$j = 1, 2, \ldots, d$ を並べた行列 $\boldsymbol{W}$ を

$$\boldsymbol{W} = \begin{bmatrix} \boldsymbol{w}_1^\top \\ \vdots \\ \boldsymbol{w}_d^\top \end{bmatrix} \tag{5.19}$$

のように定義する．ニューラルネットワークの関係式 (5.12)，(5.18) はパラメータベクトル $\boldsymbol{\beta}$ および式 (5.19) のパラメータ行列 $\boldsymbol{W}$ が変わると異なる関係式を表すため，これを明確にするために関係式 (5.12)，(5.18) を改めてパラメータを明示する形で

$$f_{\boldsymbol{\beta},\boldsymbol{W}}(\boldsymbol{x}) = \beta_0 + \beta_1 g(\boldsymbol{w}_1^\top \boldsymbol{x}) + \beta_2 g(\boldsymbol{w}_2^\top \boldsymbol{x}) + \cdots + \beta_d g(\boldsymbol{w}_d^\top \boldsymbol{x}) \tag{5.20}$$

と書くことにする．ところで意思決定写像を考えるためには評価基準が必要となる．ここでは回帰でよく利用される次式の平均 2 乗誤差（MSE）を評価基準とする[†11]．

$$\frac{1}{n}\sum_{k=1}^{n}\left(y_k - f_{\boldsymbol{\beta},\boldsymbol{W}}(\boldsymbol{x}_k)\right)^2 \tag{5.21}$$

このとき，回帰に対するニューラルネットワークの意思決定写像の例を**図 5.6** に示す．この図において式 (5.21) を最小にするパラメータとして，意思決定写

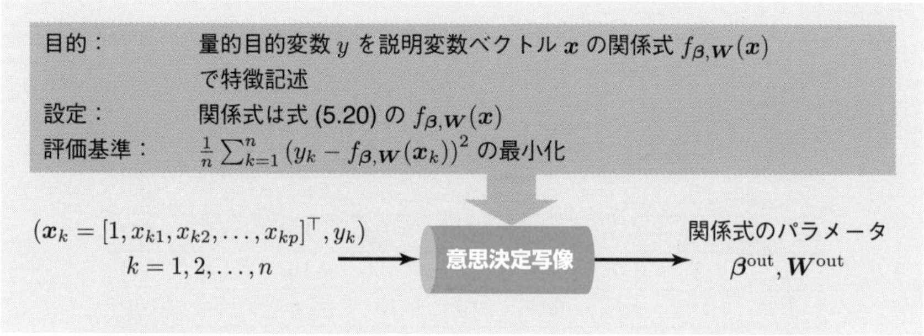

図 5.6 回帰に対するニューラルネットワークの意思決定写像の例

[†11] n は定数なので，平均 2 乗誤差を最小にすることと本書でいままで用いてきた累積 2 乗誤差を最小にすることは等価である点に注意されたい．

像による出力を明示するために $\boldsymbol{\beta}^{\mathrm{out}}, \boldsymbol{W}^{\mathrm{out}}$ のように表記している.

なお**図 5.6** の意思決定写像を実行するためには，評価基準の最小化によるパラメータの決定が必要になる．このパラメータを決定する方法については付録 B で説明する[†12]．詳しくは付録で説明するが，ニューラルネットワーク全般におけるデメリットとして，評価基準を最小にする解を求める（すなわち最適なパラメータを見つける）ことは大変難しい問題で，実用上はある程度評価基準の良さそうな（最適とは限らない）パラメータを出力するにとどまる点があげられる．さらにパラメータを決定するアルゴリズムは，乱数を用いて初期値を定めて繰り返し法を用いるため，初期値が異なるとアルゴリズムから出力されるパラメータも異なることが多々ある点にも注意が必要である．このように評価基準の厳密な最小化は難しいものの，ニューラルネットワークは複雑な関係式を効果的に表現できるモデルであり，近年その応用は目覚ましい発展を遂げている.

例 5.4.1 ある防音製品に含まれる材料 X の含有量（g）を現状よりも増減させた上で，できた製品を挟んで届く音量（dB）を計測する実験を行ったところ，**表 5.1** のような結果であった．ここで表の k 番目のデータは x_{k1} と y_k からなり，x_{k1} は現状を 0 としたときの含有量（g）の増減（正の値なら増，負の値なら減）を表し，y_k は基準値を 0 としたときの音量（dB）の差異（正の値なら届く音量が基準値より増，負の値なら基準値より減）を表している．またこのデータの散布図は**図 5.7** のようになる.

ここでの分析の目的は，目的変数を説明変数の関係式を用いて特徴記述することとする．より具体的には，k 番目の説明変数ベクトルの値を $\boldsymbol{x}_k = [1, x_{k1}]^\top$

表 5.1 ある防音製品の計測結果のデータ

k	1	2	3	4	5	6	7	8
x_{k1}	−3.0	−2.6	−2.2	−1.8	−1.4	−1.0	−0.6	−0.2
y_k	1.2	0.6	0.2	−0.4	−0.6	−1.0	−1.1	−1.3
k	9	10	11	12	13	14	15	16
x_{k1}	0.2	0.6	1.0	1.4	1.8	2.2	2.6	3.0
y_k	−1.3	−1.4	−1.6	−0.6	0.2	1.1	1.7	2.5

†12 付録 B では本章のこの後に説明する内容も含めたパラメータの決定方法について解説しているため，本章を学んだ後に読まれることをおすすめする.

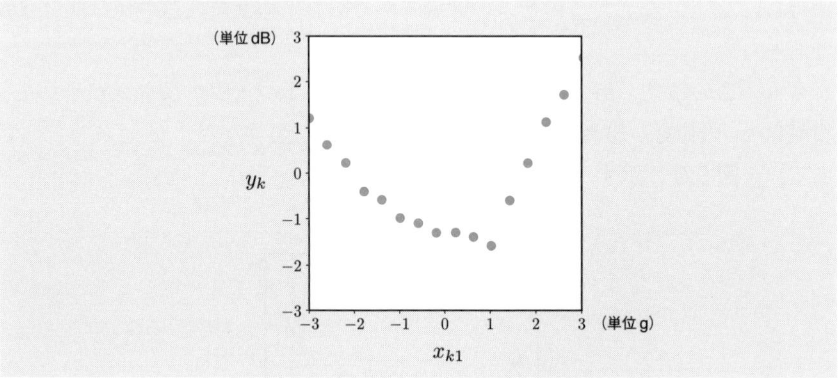

図 5.7 表 5.1 のデータの散布図

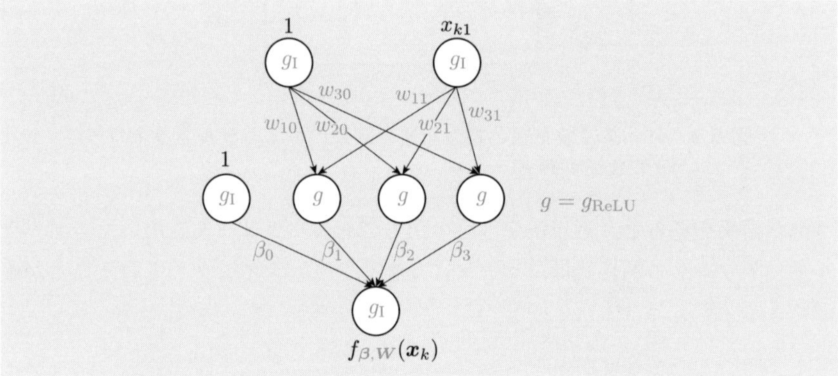

図 5.8 特徴記述を行うニューラルネットワークのグラフ

と表して，**表 5.1** のデータを**図 5.8** のようなニューラルネットワークの関係式を用いて特徴記述する．ここで関係式 (5.20) における中間層のユニット数 d を $d = 3$ とし，活性化関数 g には ReLU 関数を用いる．

このような設定のもとで**図 5.6** の意思決定写像を用いると，その出力として

$$
\boldsymbol{W}^{\mathrm{out}} = \begin{bmatrix} w_{10}^{\mathrm{out}} & w_{11}^{\mathrm{out}} \\ w_{20}^{\mathrm{out}} & w_{21}^{\mathrm{out}} \\ w_{30}^{\mathrm{out}} & w_{31}^{\mathrm{out}} \end{bmatrix} \fallingdotseq \begin{bmatrix} 1.49 & -1.50 \\ -1.23 & -1.06 \\ 2.65 & -0.90 \end{bmatrix},
$$

$$
\boldsymbol{\beta}^{\mathrm{out}} = [\beta_0^{\mathrm{out}}, \beta_1^{\mathrm{out}}, \beta_2^{\mathrm{out}}, \beta_3^{\mathrm{out}}]^\top \fallingdotseq [2.51, 1.54, 0.86, -2.29]^\top \tag{5.22}
$$

が得られた[†13]．なお，このときの評価基準である平均 2 乗誤差の値は約 0.006 であった．

さて，この結果を用いたときのニューラルネットワークの関係式について，横軸に x_1 の値を，縦軸に $f_{\boldsymbol{\beta}^{\mathrm{out}},\boldsymbol{W}^{\mathrm{out}}}(\boldsymbol{x})$ をとった図（ただし $\boldsymbol{x} = [1, x_1]^\top$ である）を**図 5.9** に示す．

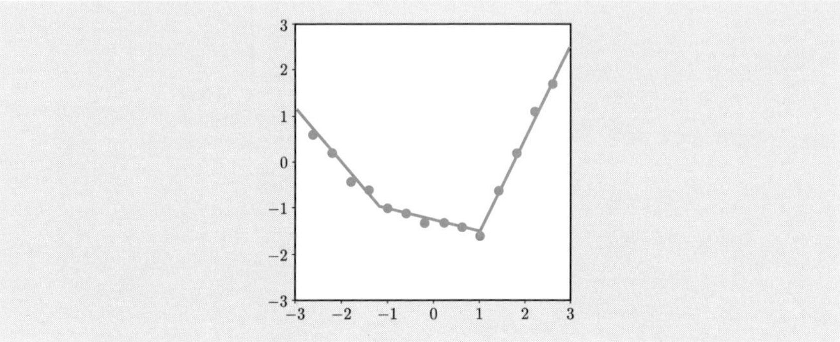

図 5.9　データの散布図と特徴記述の結果のニューラルネットワークによる関係式

図の結果を見ると，意思決定写像の出力であるパラメータを用いたニューラルネットワークの関係式は，データにうまくフィッティングしていることが確認できる．■

5.5　活性化関数

本節ではよく利用されるいくつかの活性化関数を紹介する．なおニューラルネットワークに対する意思決定写像の出力であるパラメータの決定方法については付録 B で述べるが，そこでは活性化関数の導関数の値を利用するため，本節では各活性化関数の導関数も合わせて示す．なお，実数 u を引数とする活性化関数 $g(u)$ に対して，その導関数を $g'(u)$ と表記することにする．

まず古くからよく用いられてきた活性化関数としてシグモイド関数がある．

[†13] ここでは見やすさおよび紙面の都合で小数第 2 位までの結果を示した．先ほど説明したように，一般にニューラルネットワークに対する評価基準の厳密な最小化は非常に難しい問題である．ここでは数多くの最適化の試行結果から最も平均 2 乗誤差の小さなものを選択した．

シグモイド関数はロジスティック回帰モデルですでに学んでいる関数で，関数の入力を実数 u としたときに

$$g_{\mathrm{Sig}}(u) = \frac{1}{1+\exp(-u)} \tag{5.23}$$

で定義される．この関数は後述する 2 値分類のニューラルネットワークの出力層にも利用される重要な活性化関数である．シグモイド関数の導関数 $g'_{\mathrm{Sig}}(u)$ は

$$g'_{\mathrm{Sig}}(u) = g_{\mathrm{Sig}}(u)(1 - g_{\mathrm{Sig}}(u)) \tag{5.24}$$

である．

シグモイド関数と似た概形をした関数に **tanh 関数**がある[†14]．この関数は入力を実数 u としたときに

$$g_{\tanh}(u) = \tanh(u) = \frac{\exp(u) - \exp(-u)}{\exp(u) + \exp(-u)} \tag{5.25}$$

で定義される．**図 5.10** にこの関数のグラフを示す．

tanh 関数 $g_{\tanh}$ とシグモイド関数 g_{Sig} は

$$g_{\tanh}(u) = 2g_{\mathrm{Sig}}(2u) - 1 \tag{5.26}$$

という関係を持っていて本質的には同じ関数だが，tanh 関数は原点を中心と

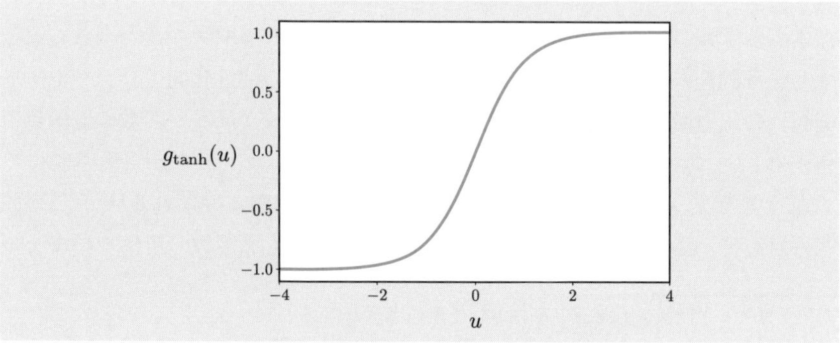

図 5.10 tanh 関数

†14 tanh 関数はハイパボリックタンジェント関数と読む．また**双曲線正接関数**とも呼ばれる．

して点対象なので，関数の出力が0を中心としていることからニューラルネットワークで扱いやすい面がある．その導関数 $g'_{\tanh}(u)$ は

$$g'_{\tanh}(u) = 1 - (g_{\tanh}(u))^2 \tag{5.27}$$

である．

さてニューラルネットワークは古くから提案されていたが，後述するディープニューラルネットワークが近年大きな成功を収めた理由の一つに ReLU 関数およびその改良した関数を活性化関数に利用したことがあげられる．ReLU 関数はすでに説明したが，再掲すると

$$g_{\mathrm{ReLU}}(u) = \max\{0, u\} = \begin{cases} u, & u \geq 0 \\ 0, & u < 0 \end{cases} \tag{5.28}$$

である．ReLU 関数の導関数は

$$g'_{\mathrm{ReLU}}(u) = \begin{cases} 1, & u \geq 0 \\ 0, & u < 0 \end{cases} \tag{5.29}$$

と非常に簡単である．この関数はステップ関数とも呼ばれる．

ここでは ReLU 関数が利用されるようになった背景を少し説明する．後述するディープニューラルネットワークでは中間層を複数の層に積み重ねるが，この時にシグモイド関数を活性化関数とした場合，評価基準を小さくする解を探索するアルゴリズムがある程度進むと活性化関数の導関数の値が小さくなってしまう問題が発生する．特に出力層に近い中間層の活性化関数（シグモイド関数）の出力が0あるいは1に近づくことにより，シグモイド関数の導関数の値が0に近づく[†15]．するとそれより入力層に近いパラメータが更新されにくくなってしまうのである．この問題は勾配の消失問題と呼ばれる[†16]．この問題に対して，ReLU 関数はその出力が大きくなっても導関数の値は1のままで

[†15] シグモイド関数の導関数の式 (5.24) を参照されたい．

[†16] 勾配とは，ここでは評価基準を各パラメータで微分し，それらを並べたベクトルを意味する．この微分の中にシグモイド関数の導関数が現れるため，上で述べたように0に近くなってしまう問題を指す．詳細は付録Bを参照されたい．ここではこういった問題があることだけ気に留めていただければ十分である．

0 に近づくことはない．このように，活性化関数に ReLU 関数を用いることにより勾配の消失問題を回避することが可能になったのである．

一方 ReLU 関数にもデメリットがある．それは入力が負の場合に出力が 0 で，その導関数の値も 0 となってしまう点である．これは入力が負となるユニットに入る矢印のパラメータがそのデータに対して更新されないことを意味する．この点を改良した活性化関数が **Leaky ReLU 関数**（Leaky Rectified Linear Unit 関数：LReLU 関数と略す）で，入力を実数 u として

$$g_{\mathrm{LReLU}}(u) = \begin{cases} u, & u \geq 0 \\ 0.01u, & u < 0 \end{cases} \tag{5.30}$$

と定義される．ReLU 関数は入力 u が負の値の場合にはその出力を 0 とするが，LReLU 関数では 0.01 という小さな重みを u に掛けている．LReLU 関数のグラフを**図 5.11** に示す．

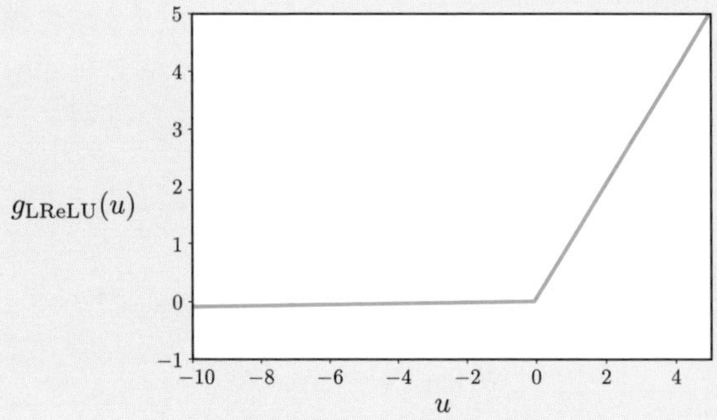

図 5.11　LReLU 関数

LReLU 関数の導関数は

$$g'_{\mathrm{LReLU}}(u) = \begin{cases} 1, & u \geq 0 \\ 0.01, & u < 0 \end{cases} \tag{5.31}$$

である．入力 u が負のとき u の値によって若干なりとも出力が異なる（より正確には u の値に対する導関数の値が 0 でない）ことにより，ReLU 関数と比較して最適化が改善されることがある．なおこの u が負の場合の係数 0.01 は，

分析者が変えてもよい．

またこの係数の部分をパラメータとした活性化関数が提案されており，**Parametrized ReLU 関数**（Parametrized Rectified Linear Unit 関数：PReLU 関数と略す）と呼ばれる．具体的には

$$g_{\mathrm{PReLU},\alpha}(u) = \begin{cases} u, & u \geq 0 \\ \alpha u, & u < 0 \end{cases} \tag{5.32}$$

で定義され，その u に関する導関数は

$$g'_{\mathrm{PReLU},\alpha}(u) = \begin{cases} 1, & u \geq 0 \\ \alpha, & u < 0 \end{cases} \tag{5.33}$$

である．係数 α はニューラルネットワークの関係式におけるパラメータとして扱われる点に注意されたい．すなわち学習データに適応するようにこのパラメータ α は調整されるのである．

一方，ReLU 関数，LReLU 関数，PReLU 関数は原点を境に導関数の値が不連続に変化してしまう．そこで原点付近を滑らかにした活性化関数として次式の **Softplus 関数**（Splus 関数と略す）がある．

$$g_{\mathrm{Splus}}(u) = \log(1 + \exp(u)) \tag{5.34}$$

Splus 関数のグラフを**図 5.12** に示す．その導関数 $g'_{\mathrm{Splus}}(u)$ は

$$g'_{\mathrm{Splus}}(u) = g_{\mathrm{sig}}(u) \tag{5.35}$$

とシグモイド関数となる．

さらにこれらの発展系として提案された活性化関数として **GELU 関数**（Gaussian Error Linear Unit 関数）がある．これは実数 u に対して標準正規分布の累積分布関数を $\Phi(u)$ と書くと[†17]，入力 u に対して GELU 関数は

$$g_{\mathrm{GELU}}(u) = u\Phi(u) \tag{5.36}$$

と定義される．この GELU 関数のグラフを**図 5.13** に示す．

[†17] 標準正規分布の確率密度関数を $f(x)$ としたとき，その累積分布関数は $\Phi(u) = \int_{-\infty}^{u} f(x)dx$ で定義される．

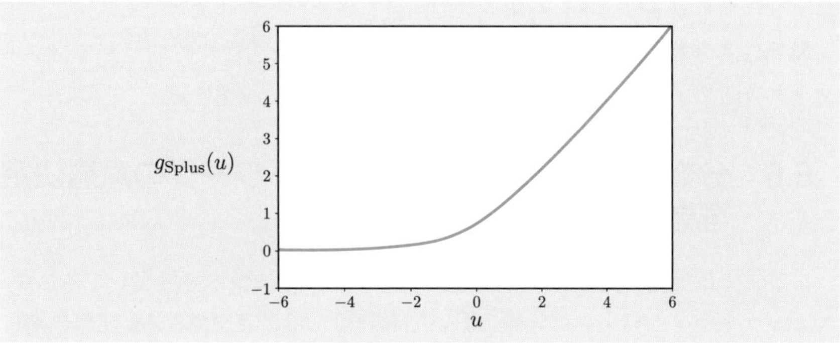

図 5.12 Splus 関数

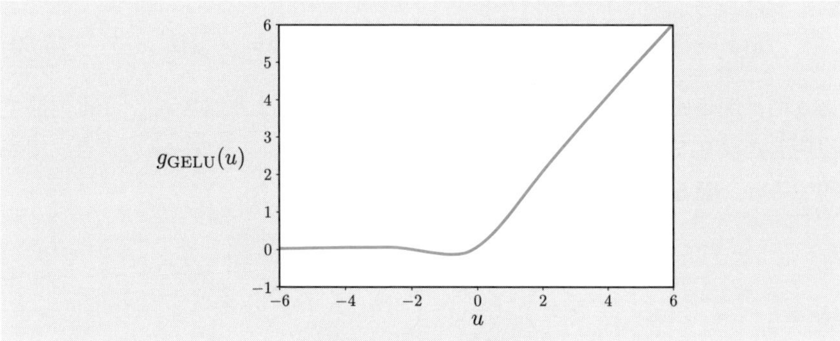

図 5.13 GELU 関数

また **Swish 関数**はシグモイド関数 g_{Sig} を使って

$$g_{\mathrm{Swish},\alpha}(u) = ug_{\mathrm{Sig}}(\alpha u) \tag{5.37}$$

と定義される．ただし α は定数としてもよいし，パラメータとする場合もある．ここで GELU 関数は式 (5.36) のままでは計算しにくいが，Swish 関数 $g_{\mathrm{Swish},\alpha}(u)$ において $\alpha = 1.702$ とおくと GELU 関数とかなり近い関数となる．したがってこれを GELU 関数の近似として利用することができる．Swish 関数の導関数は

$$g'_{\mathrm{Swish},\alpha}(u) = \alpha g_{\mathrm{Swish},\alpha}(u) + g_{\mathrm{Sig}}(\alpha u)\left(1 - \alpha g_{\mathrm{Swish},\alpha}(u)\right) \tag{5.38}$$

となる．GELU 関数や Swish 関数は，自然言語処理などの大規模なディープ

ニューラルネットワークに利用されて注目を集めた活性化関数である．

最後に，分類のために出力層に用いられる特別な活性化関数としてソフトマックス関数があるが，これについては次節で詳しく説明する．

5.6 分類に対するニューラルネットワークの意思決定写像

ここまでは回帰に対するニューラルネットワークについて説明してきたが，ニューラルネットワークは分類においても利用することができる．2値分類に関してすでに学んだロジスティック回帰では，次のような関係式を考えるのであった．

$$f_{\boldsymbol{\beta}}(\boldsymbol{x}) = g_{\mathrm{Sig}}(\beta_0 + \beta_1 x_1 + \beta_2 x_2 + \cdots + \beta_p x_p) = g_{\mathrm{Sig}}(\boldsymbol{\beta}^\top \boldsymbol{x}) \tag{5.39}$$

ここでは関係式の左辺にパラメータ $\boldsymbol{\beta}$ を明示した．また関数 $g_{\mathrm{Sig}}(\cdot)$ は前節で説明したシグモイド関数である．これをニューラルネットワークのグラフで表現すると，**図 5.14** のようになる．

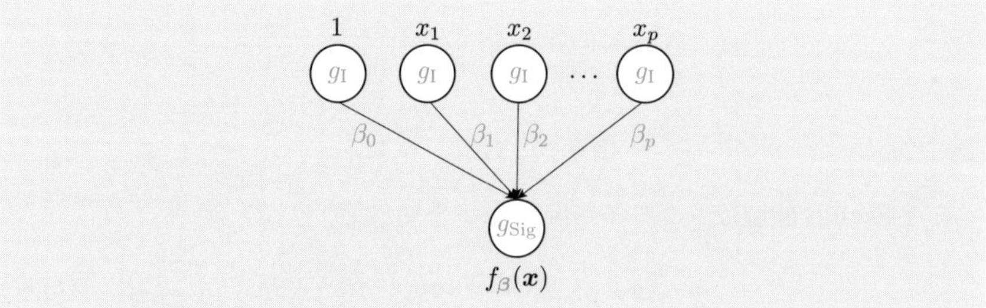

図 5.14 2値分類に対するロジスティック回帰のグラフ表現

さて次に2値分類のロジスティック回帰に対する意思決定写像を明示するために，与えられたデータを記号で表現する．ここでも簡単のため特徴記述を目的として説明する．いま特徴記述を行いたいデータが n 個の組 $(\boldsymbol{x}_1, y_1), (\boldsymbol{x}_2, y_2), \ldots, (\boldsymbol{x}_n, y_n)$ からなるものとする．ここで $\boldsymbol{x}_k = [1, x_{k1}, x_{k2}, \ldots, x_{kp}]^\top$ は k 番目の説明変数ベクトルの値であり，それぞれの要素は実数値である．ここでは2値分類を扱うため，y_k は k 番目の目的変数の値で 0 か 1 のどちらかの値をとる．このとき式 (5.39) を説明変数と目的変数を結びつける関係式としたとき，特徴記述の評価基準として次式の**交差エントロピー**（あるいはクロスエントロピーとも呼ばれる）$l(\boldsymbol{\beta})$ を考えることができる[†18]．

$$l(\boldsymbol{\beta}) = \sum_{k=1}^{n} \left(-y_k \log f_{\boldsymbol{\beta}}(\boldsymbol{x}_k) - (1-y_k)\log\left(1 - f_{\boldsymbol{\beta}}(\boldsymbol{x}_k)\right)\right) \tag{5.40}$$

結果的に，**図 5.15** のような意思決定写像を考えることができる．

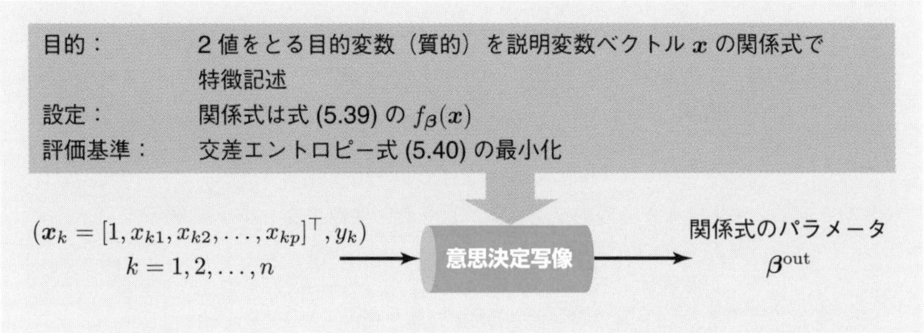
目的：　2 値をとる目的変数（質的）を説明変数ベクトル $\boldsymbol{x}$ の関係式で特徴記述
設定：　関係式は式 (5.39) の $f_{\boldsymbol{\beta}}(\boldsymbol{x})$
評価基準：　交差エントロピー式 (5.40) の最小化
$(\boldsymbol{x}_k = [1, x_{k1}, x_{k2}, \ldots, x_{kp}]^\top, y_k)$
$k = 1, 2, \ldots, n$
意思決定写像
関係式のパラメータ
$\boldsymbol{\beta}^{\mathrm{out}}$

図 5.15　2 値分類に対するロジスティック回帰の意思決定写像の例

さて，2 値分類に対するロジスティック回帰の意思決定写像について見たが，回帰に対するニューラルネットワークと 2 値分類に対するニューラルネットワークの関係を類推することは難しくないであろう．回帰におけるニューラルネットワークの関係式 (5.12) に対して，2 値分類に対するニューラルネットワークの関係式を

$$f_{\boldsymbol{\beta},\boldsymbol{W}}(\boldsymbol{x}) = g_{\mathrm{Sig}}\left(\beta_0 + \beta_1 g(\boldsymbol{w}_1^\top \boldsymbol{x}) + \beta_2 g(\boldsymbol{w}_2^\top \boldsymbol{x}) + \cdots + \beta_d g(\boldsymbol{w}_d^\top \boldsymbol{x})\right) \tag{5.41}$$

と定義する．ただし，$\boldsymbol{W}$ は式 (5.19) と同じである．これをグラフで表現すると，**図 5.16** のようになる．**図 5.5** と比較すると明らかなように，回帰の場合とのグラフの違いは出力層のユニットの活性化関数がシグモイド関数になっているのみである．

また与えられたデータ $(\boldsymbol{x}_1, y_1), (\boldsymbol{x}_2, y_2), \ldots, (\boldsymbol{x}_n, y_n)$ に対して意思決定写

[†18] この評価基準に関する詳細はデータ科学入門 II を参照されたい．

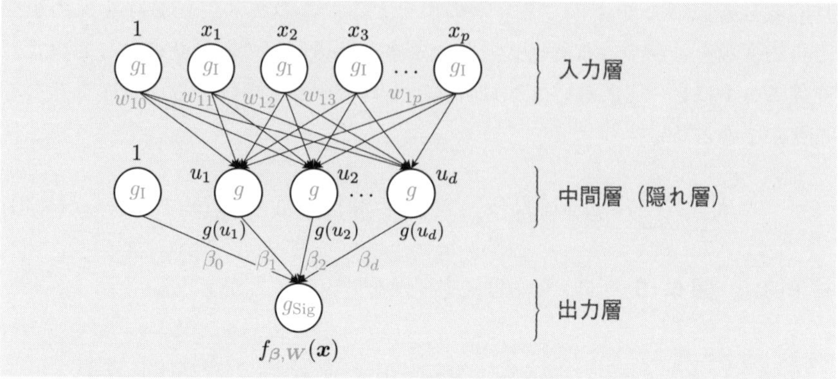

図 5.16　2 値分類に対するニューラルネットワークのグラフによる表現

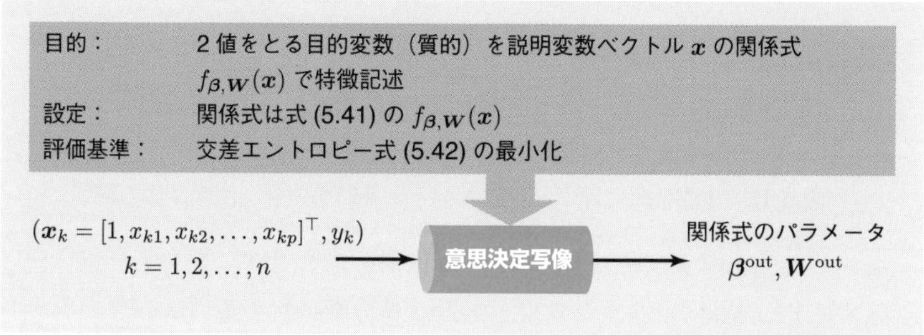

図 5.17　2 値分類に対するニューラルネットワークの意思決定写像の例

像を決めるために必要な評価基準としては，例えば 2 値分類に対するロジスティック回帰の評価基準と同じ以下の交差エントロピーを用いることができる．

$$l(\boldsymbol{\beta}, \boldsymbol{W}) = \sum_{k=1}^{n} \left(-y_k \log f_{\boldsymbol{\beta},\boldsymbol{W}}(\boldsymbol{x}_k) - (1 - y_k) \log \left(1 - f_{\boldsymbol{\beta},\boldsymbol{W}}(\boldsymbol{x}_k)\right)\right) \quad (5.42)$$

ここで 2 値分類に対するニューラルネットワークの意思決定写像の例を**図 5.17** に示す．

さて，ここまでは分類の中でも目的変数が 0 か 1 の 2 値のみの値をとる質的変数の場合，すなわち 2 値分類に焦点を当てて説明してきた．一般には目的変数が質的変数の場合，2 値ではなく多値であることも少なくない．そこで次に目的変数が q 個の値をとる多値分類の場合について，特徴記述を例として説明する．質的な目的変数が異なる q 個の値をとりうるわけだが，一般性を失うことなく 1 から q まで整数値をとると考えても問題ない．そこでこの質的変数のとる整数値に対して，ダミー変数化した目的変数ベクトル $\boldsymbol{y} = [y_1, y_2, \ldots, y_q]^\top$ を対応させるものとする．具体的には質的変数の値が $v \in \{1, 2, \ldots, q\}$ だったとき，これに対応する目的変数ベクトルの値は $y_v = 1$ でその他の i について $y_i = 0$ とする．これを正確に書くと質的な目的変数の値が $v \in \{1, 2, \ldots, q\}$ だった場合，目的変数ベクトル $\boldsymbol{y} = [y_1, y_2, \ldots, y_q]^\top$ は

$$y_i = \begin{cases} 1, & i = v, \\ 0, & i \neq v, \end{cases} \quad i = 1, 2, \ldots, q \tag{5.43}$$

という値をとるものとする．このような質的変数のダミー変数化はワンホットベクトル表現と呼ばれる．

例 5.6.1 $q = 4$ の場合を考える．質的な目的変数としては $q = 4$ 個の異なる値をとるが，一般性を失うことなくこれが $1, 2, 3, 4$ だと考える．いま質的変数の値が $v = 1$ のときは，対応する目的変数ベクトルの値は $\boldsymbol{y} = [1, 0, 0, 0]^\top$ とする．同様に，$v = 2$ のときは，対応する目的変数ベクトルの値は $\boldsymbol{y} = [0, 1, 0, 0]^\top$ とする．このように，v に対応する位置の y_v だけ 1 をとり，他は 0 となるベクトルで表現するのがワンホットベクトル表現である．■

さて説明変数ベクトル $\boldsymbol{x} = [1, x_1, x_2, \ldots, x_p]^\top$ と目的変数ベクトル $\boldsymbol{y} = [y_1, y_2, \ldots, y_q]^\top$ の関係式を考える．ここではまず多値分類のためのロジスティック回帰から説明する．このモデルは多項ロジスティック回帰とも呼ばれる．関係式の定義の前に，多値分類のためのロジスティック回帰のグラフを**図 5.18** に示す．

まずこの図を見て 2 値分類と大きく異なるのは，多値分類ためのロジスティック回帰の出力が $f_{\mathbf{B}1}(\boldsymbol{x}), f_{\mathbf{B}2}(\boldsymbol{x}), \ldots, f_{\mathbf{B}q}(\boldsymbol{x})$ となっており，q 個の出力が存在することである．これは目的変数ベクトル $\boldsymbol{y} = [y_1, y_2, \ldots, y_q]^\top$ の各要素に対応している点に注意されたい．そして，入力のユニット群（入力層）から出力のユニット群（出力層）へ向けてすべての組合せに矢印が接続されている．これらの矢印にはパラメータが存在しており，入力が x_j のユニットから

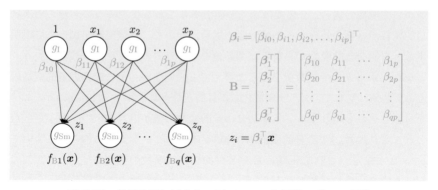

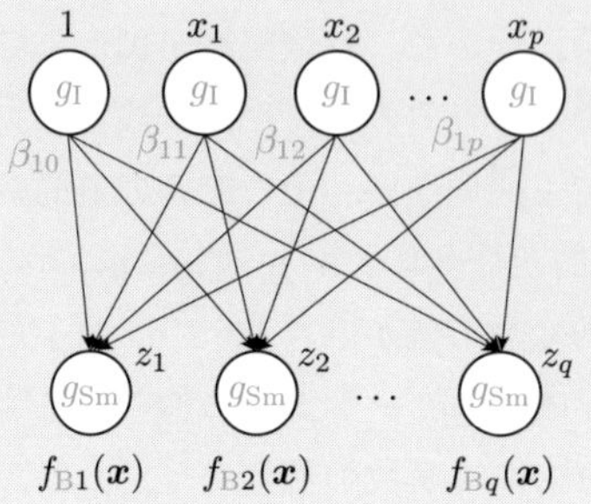

$$\beta_i = [\beta_{i0}, \beta_{i1}, \beta_{i2}, \ldots, \beta_{ip}]^\top$$

$$\mathbf{B} = \begin{bmatrix} \boldsymbol{\beta}_1^\top \\ \boldsymbol{\beta}_2^\top \\ \vdots \\ \boldsymbol{\beta}_q^\top \end{bmatrix} = \begin{bmatrix} \beta_{10} & \beta_{11} & \cdots & \beta_{1p} \\ \beta_{20} & \beta_{21} & \cdots & \beta_{2p} \\ \vdots & \vdots & \ddots & \vdots \\ \beta_{q0} & \beta_{q1} & \cdots & \beta_{qp} \end{bmatrix}$$

$$z_i = \boldsymbol{\beta}_i^\top \boldsymbol{x}$$

図 5.18　多値分類に対するロジスティック回帰のグラフ表現

出力が $f_{\mathbf{B}i}(\boldsymbol{x})$ となるユニットへ接続された矢印のパラメータを β_{ij} と記述する．また入力層の各ユニットから出力が $f_{\mathbf{B}i}(\boldsymbol{x})$，$i = 1, 2, \ldots, q$ となるユニットへのパラメータを並べたベクトルを $\boldsymbol{\beta}_i = [\beta_{i0}, \beta_{i1}, \beta_{i2}, \ldots, \beta_{ip}]^\top$ と書く．出力層の各ユニットでは，ニューラルネットワークの計算ルールの通り矢印から入ってきた値の和を計算する．この和を図では z_i，$i = 1, 2, \ldots, q$ と記述しているが，具体的には $z_i = \boldsymbol{\beta}_i^\top \boldsymbol{x}$ である．これらをまとめてベクトルで表現して，$\boldsymbol{z} = [z_1, z_2, \ldots, z_q]^\top$ と書く．さて，2 値分類と再び大きく異なるのは，出力層のユニットに描かれた活性化関数 g_Sm である．この関数は多値分類のときに用いられる特別な活性化関数で，通常の活性化関数と異なり各ユニットで独立に計算される関数ではない点に注意していただきたい．具体的には出力層のユニットで計算された $\boldsymbol{z} = [z_1, z_2, \ldots, z_q]^\top$ を用いて，i 番目の**ソフトマックス関数** $g_{\mathrm{Sm}i}(\boldsymbol{z})$ は次式で定義される．

$$g_{\mathrm{Sm}i}(\boldsymbol{z}) = \frac{\exp(z_i)}{\exp(z_1) + \exp(z_2) + \cdots + \exp(z_q)}, \quad i = 1, 2, \ldots, q \qquad (5.44)$$

結果的に y_i，$i = 1, 2, \ldots, q$ に対応する関係式を以下のように設定する．

$$f_{\mathbf{B}i}(\boldsymbol{x}) = g_{\mathrm{Sm}i}(\boldsymbol{z}) \qquad (5.45)$$

ここで多値分類のためのロジスティック回帰の関係式を整理しておく．パラメータベクトル $\boldsymbol{\beta}_i$，$i = 1, 2, \ldots, q$ を並べたパラメータ行列 $\mathbf{B}$ を

$$\mathbf{B} = \begin{bmatrix} \boldsymbol{\beta}_1^\top \\ \vdots \\ \boldsymbol{\beta}_q^\top \end{bmatrix} = \begin{bmatrix} \beta_{10} & \beta_{11} & \cdots & \beta_{1p} \\ \vdots & \vdots & & \vdots \\ \beta_{q0} & \beta_{q1} & \cdots & \beta_{qp} \end{bmatrix} \tag{5.46}$$

と定義すると[†19]，$\boldsymbol{z} = \mathbf{B}\boldsymbol{x}$ が成り立つ．この関係を式 (5.44)，(5.45) に代入すると，多値分類のためのロジスティック回帰の i 番目（$i = 1, 2, \ldots, q$）の関係式 $f_{\mathbf{B}i}(\boldsymbol{x})$ は

$$f_{\mathbf{B}i}(\boldsymbol{x}) = g_{\mathrm{Sm}i}(\mathbf{B}\boldsymbol{x}) = \frac{\exp(\boldsymbol{\beta}_i^\top \boldsymbol{x})}{\exp(\boldsymbol{\beta}_1^\top \boldsymbol{x}) + \exp(\boldsymbol{\beta}_2^\top \boldsymbol{x}) + \cdots + \exp(\boldsymbol{\beta}_q^\top \boldsymbol{x})} \tag{5.47}$$

と書くことができる．

さて多値分類のロジスティック回帰に対する意思決定写像を明確にするために，与えられたデータを記号で表現する．いまデータが n 個の組 $(\boldsymbol{x}_1, \boldsymbol{y}_1), (\boldsymbol{x}_2, \boldsymbol{y}_2), \ldots, (\boldsymbol{x}_n, \boldsymbol{y}_n)$ からなるものとする．ここで $\boldsymbol{x}_k = [1, x_{k1}, x_{k2}, \ldots, x_{kp}]^\top$ は k 番目の説明変数ベクトルの値であり，それぞれの要素は実数値である．また $\boldsymbol{y}_k = [y_{k1}, y_{k2}, \ldots, y_{kq}]^\top$ は k 番目の目的変数ベクトルの値であり，ワンホットベクトル表現となっている．すなわち，$\boldsymbol{y}_k$ はどこか一つの要素だけ 1 であり，その他の要素は 0 である点に注意されたい．このとき，多値分類に対する評価基準は次式の**交差エントロピー**を用いることが多い．

$$l(\mathbf{B}) = -\sum_{k=1}^{n} \sum_{i=1}^{q} y_{ki} \log f_{\mathbf{B}i}(\boldsymbol{x}_k) \tag{5.48}$$

ここで**図 5.19** のような意思決定写像の例を考えることができる．

ここでは特徴記述を目的とした多値分類のロジスティック回帰の意思決定写像を示したが，生成観測メカニズムとして考えた場合の意思決定写像については章末のコラムで解説する．

本節の最後に，多値分類に対するニューラルネットワークについて説明する．まずニューラルネットワークのグラフを**図 5.20** に示す．

まずこの図を 2 値分類に対するニューラルネットワークの**図 5.17** と比較す

[†19] $\mathbf{B}$ はパラメータベクトル β_i を並べた行列なので，ローマン体で表記する．

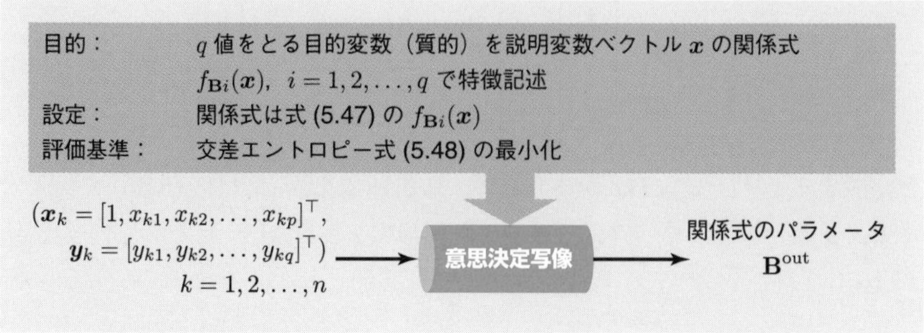

図 5.19　多値分類に対するロジスティック回帰の意思決定写像の例

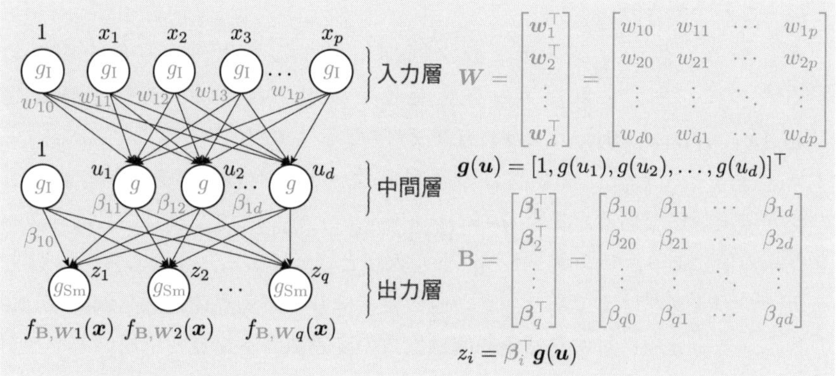

図 5.20　多値分類に対するニューラルネットワークのグラフによる表現

ると，入力層と中間層までの関係は 2 値分類と多値分類で全く同じ（もっというと回帰の場合の**図 5.5** とも同じ）であることがわかる．したがって，ここまでの計算はすでに学んだものと同一である．ただし出力層は両者で大きく異なる．一方で**図 5.20** の中間層と出力層の関係は，多値分類に対するロジスティック回帰の**図 5.18** の入力層と出力層の関係に近いことが見てとれる．ここで入力層から中間層の各ユニット間で互いに接続された矢印に付随するパラメータを行列形式で表現して，改めて

$$\boldsymbol{W} = \begin{bmatrix} \boldsymbol{w}_1^\top \\ \vdots \\ \boldsymbol{w}_d^\top \end{bmatrix} = \begin{bmatrix} w_{10} & w_{11} & \cdots & w_{1p} \\ \vdots & \vdots & & \vdots \\ w_{d0} & w_{d1} & \cdots & w_{dp} \end{bmatrix} \tag{5.49}$$

のように書く．このとき，説明変数ベクトル $\boldsymbol{x}$ に対して**図 5.20** の中間層の j 番目のユニットで計算される u_j，$j = 1, 2, \ldots, d$ は $u_j = \boldsymbol{w}_j^\top \boldsymbol{x}$ となる．これらを並べたベクトルと $\boldsymbol{u} = [u_1, u_2, \ldots, u_d]$ と書くことにすると，$\boldsymbol{u} = \boldsymbol{W}\boldsymbol{x}$ のように簡潔に書ける．次に中間層の各ユニットでは，u_j に対して活性化関数を用いて $g(u_j)$ を計算してユニット下部に出力する．ここでは中間層の各ユニットの出力を並べたベクトルを $\boldsymbol{g}(\boldsymbol{u}) = [1, g(u_1), g(u_2), \ldots, g(u_d)]$ と書くことにする．さて，中間層と出力層の各ユニット間に接続されたパラメータを行列形式で以下のように $\mathbf{B}$ と表現する．

$$\mathbf{B} = \begin{bmatrix} \boldsymbol{\beta}_1^\top \\ \vdots \\ \boldsymbol{\beta}_q^\top \end{bmatrix} = \begin{bmatrix} \beta_{10} & \beta_{11} & \cdots & \beta_{1d} \\ \vdots & \vdots & & \vdots \\ \beta_{q0} & \beta_{q1} & \cdots & \beta_{qd} \end{bmatrix} \tag{5.50}$$

ただし出力層の i 番目（$i = 1, 2, \ldots, q$）の z_i と書かれたユニットに接続された中間層からの矢印のパラメータを並べたベクトルを $\boldsymbol{\beta}_i = [\beta_{i0}, \beta_{i1}, \cdots, \beta_{id}]^\top$ としている．このとき，出力層の i 番目のユニットにおいて，$z_i = \boldsymbol{\beta}_i^\top \boldsymbol{g}(\boldsymbol{u})$ を計算する．改めて $\boldsymbol{z} = [z_1, z_2, \ldots, z_q]^\top$ と書くと，行列 $\mathbf{B}$ を用いて $\boldsymbol{z} = \mathbf{B}\boldsymbol{g}(\boldsymbol{u})$ と簡潔に表現できる．ここからはロジスティック回帰の場合と同じで，出力層の i 番目のユニットにおいてソフトマックス関数を用いてその出力を

$$f_{\mathbf{B},\boldsymbol{W}i}(\boldsymbol{x}) = g_{\mathrm{Sm}i}(\boldsymbol{z}) \tag{5.51}$$

とする．改めて，式 (5.51) を入力 $\boldsymbol{x}$ の関係式として整理すると，

$$\begin{aligned} f_{\mathbf{B},\boldsymbol{W}i}(\boldsymbol{x}) &= g_{\mathrm{Sm}i}(\mathbf{B}\boldsymbol{g}(\boldsymbol{u})) = g_{\mathrm{Sm}i}(\mathbf{B}\boldsymbol{g}(\boldsymbol{W}\boldsymbol{x})) \\ &= \frac{\exp(\boldsymbol{\beta}_i^\top \boldsymbol{g}(\boldsymbol{W}\boldsymbol{x}))}{\exp(\boldsymbol{\beta}_1^\top \boldsymbol{g}(\boldsymbol{W}\boldsymbol{x})) + \exp(\boldsymbol{\beta}_2^\top \boldsymbol{g}(\boldsymbol{W}\boldsymbol{x})) + \cdots + \exp(\boldsymbol{\beta}_q^\top \boldsymbol{g}(\boldsymbol{W}\boldsymbol{x}))} \end{aligned} \tag{5.52}$$

のように表現できる．ただし

$$\boldsymbol{\beta}_i^\top \boldsymbol{g}(\boldsymbol{W}\boldsymbol{x}) = \beta_{i0} + \beta_{i1} g(\boldsymbol{w}_1^\top \boldsymbol{x}) + \cdots + \beta_{id} g(\boldsymbol{w}_d^\top \boldsymbol{x}) \tag{5.53}$$

である．さてロジスティック回帰のときと同様に，n 組のデータ $(\boldsymbol{x}_1, \boldsymbol{y}_1), (\boldsymbol{x}_2, \boldsymbol{y}_2), \ldots, (\boldsymbol{x}_n, \boldsymbol{y}_n)$ が与えられたときに，ニューラルネットワークの意思決定写像の例を示す．目的は特徴記述で，多値分類に対するニューラルネットワークの関係式 (5.52) を設定する．ここで，評価基準としてはロジスティック回帰と同様の評価基準である次式の交差エントロピー

$$l(\mathbf{B}, \boldsymbol{W}) = -\sum_{k=1}^{n} \sum_{i=1}^{q} y_{ki} \log f_{\mathbf{B}, \boldsymbol{W} i}(\boldsymbol{x}_k) \tag{5.54}$$

とする．最終的に，**図 5.21** のような意思決定写像の例を考えることができる．

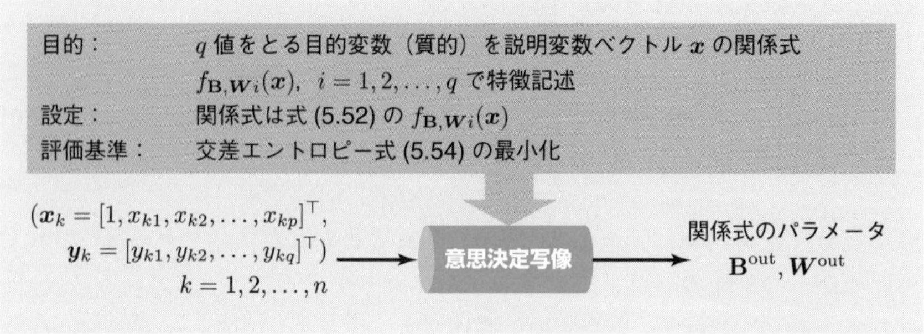

図 5.21　多値分類に対するニューラルネットワークの意思決定写像の例

5.7　ディープニューラルネットワーク

さて，ここまで回帰と分類それぞれに対する基本的なニューラルネットワークについて学んできたが，より複雑な説明変数ベクトルと目的変数ベクトルの関係を表現できる関係式としてディープニューラルネットワークがある．ディープニューラルネットワークは複雑な関係式を表現できるように，前節までのニューラルネットワークと比較して**図 5.22** のように中間層を増やした構造をしている．**図 5.22** のディープニューラルネットワークは中間層が 2 層存在している例で，この 2 層の中間層同士も互いにすべてのユニット間が矢印で

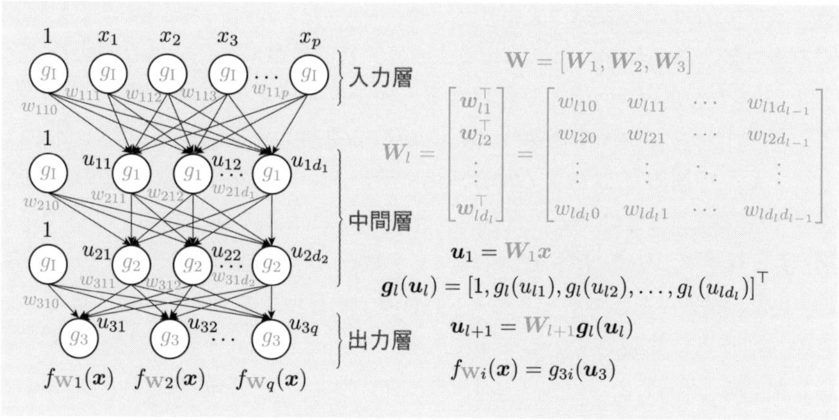

図 5.22　中間層が 2 層のディープニューラルネットワーク

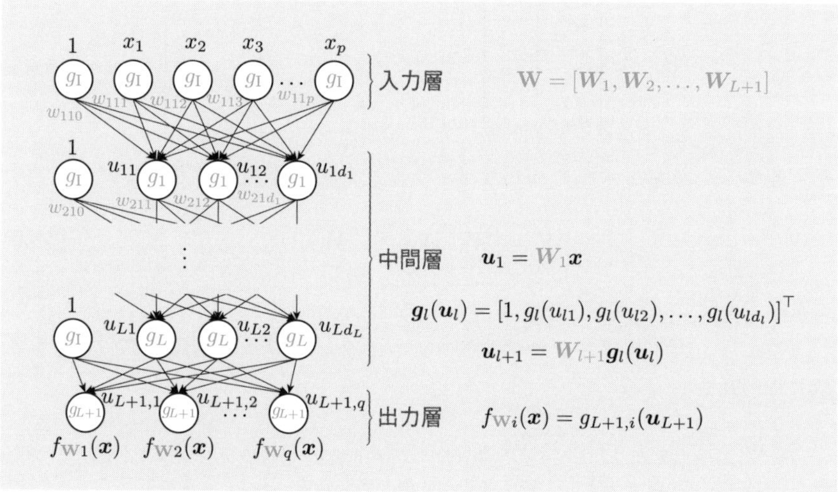

図 5.23　中間層が L 層のディープニューラルネットワーク

接続されている構造をしている．

より一般には中間層の層の数を L と書くと，この L を多くすることによってより複雑な関係式を表現できる．**図 5.23** に中間層が L 層のディープニューラルネットワークのグラフを示す．

ではディープニューラルネットワークの関係式を詳しく見ていくことにす

る．まず入力は説明変数ベクトルで，$\boldsymbol{x} = [1, x_1, \ldots, x_p]^\top$ はいままでと同じである．また多値分類なども扱えるように，目的変数については目的変数ベクトル $\boldsymbol{y} = [y_1, y_2, \ldots, y_q]^\top$ で表現する．いま入力層を第 0 層と呼ぶことにして，一番上にある中間層を第 1 層，上から 2 番目の中間層を第 2 層と呼ぶことにする．中間層が L 層ある場合，以下順に上から l 番目（$l \leq L$）の中間層を第 l 層と呼ぶことにする．最後に，出力層は第 $L+1$ 層となる．ここで第 l 層（$l = 0, 1, 2, \ldots, L, L+1$）のユニット数を d_l と表記する[†20]．このとき各 $l = 1, 2, \ldots, L+1$ について，第 $l-1$ 層の j 番目のユニットから第 l 層の i 番目のユニットに接続している矢印にあるパラメータを w_{lij} と表記する[†21]．同様に第 l 層（$l = 1, 2, \ldots, L, L+1$）の i 番目のユニットに接続された矢印のパラメータベクトルを $\boldsymbol{w}_{li} = [w_{li0}, w_{li1}, \ldots, w_{lid_{l-1}}]^\top$ と書く．さらにこれらを並べた行列を

$$\boldsymbol{W}_l = \begin{bmatrix} \boldsymbol{w}_{l1}^\top \\ \vdots \\ \boldsymbol{w}_{ld_l}^\top \end{bmatrix} = \begin{bmatrix} w_{l10} & w_{l11} & \cdots & w_{l1d_{l-1}} \\ \vdots & \vdots & & \vdots \\ w_{ld_l0} & w_{ld_l1} & \cdots & w_{ld_ld_{l-1}} \end{bmatrix} \tag{5.55}$$

と定義する．なお，すべてのパラメータをまとめて表現できるように

$$\mathbf{W} = [\boldsymbol{W}_1, \boldsymbol{W}_2, \ldots, \boldsymbol{W}_{L+1}] \tag{5.56}$$

と表記する[†22]．

このとき，ディープニューラルネットワークにおける計算は，次のような手順で行われる．

[†20] 図の各層の 1 を入力としている一番左のユニットは d_l に含めないものとする．また第 0 層は入力層なので $d_0 = p$ とし，第 $L+1$ 層は出力層なので，$d_{L+1} = q$ とする．

[†21] ディープニューラルネットワークに出てくる変数やパラメータの添え字（インデックス）の数が多く，w_{lij} の l, i, j のように添え字は最大 3 つになる点に注意されたい．また簡便のためいままで同様 w_{lij} のように添え字 l, i, j の間に区切りをつけていないが，今後 $l+1$ 層のパラメータを表すときなどには区切りを明確にするために $w_{l+1,i,j}$ のように添え字の間に適宜区切りのカンマを入れるものとする．意味はカンマがあっても変わらない．さらに複雑ではあるが一般の場合を表現するために，添え字の添え字も出てくる点にも注意されたい．ただし，複雑に見えるが本質的には中間層が増えただけである．

[†22] $\mathbf{W}$ はパラメータ行列 $\boldsymbol{W}_i$ を並べた行列なので，式 (5.19) や (5.49) の $\boldsymbol{W}$ と区別を明らかにするため，ローマン体で表記するものとする．

ディープニューラルネットワークにおける計算手順

(1) 第1層のi番目のユニットに接続された矢印からの入力の和u_{1i}を$u_{1i} = \boldsymbol{w}_{1i}^\top \boldsymbol{x}$と計算する．これを並べたベクトルを$\boldsymbol{u}_1 = [u_{11}, u_{12}, \ldots, u_{1d_1}]^\top$と書くと，$\boldsymbol{u}_1 = \boldsymbol{W}_1 \boldsymbol{x}$を計算すればよい．

(2) $l = 1, 2, \ldots, L$それぞれについて，順次以下の計算を実行する．
- 第l層の各ユニットは活性化関数g_lを用いて$g_l(u_{li})$を出力する．これらをベクトルとして並べたものを$\boldsymbol{g}_l(\boldsymbol{u}_l) = [1, g_l(u_{l1}), g_l(u_{l2}), \ldots, g_l(u_{ld_l})]^\top$と定義する．
- $\boldsymbol{u}_{l+1} = \boldsymbol{W}_{l+1} \boldsymbol{g}_l(\boldsymbol{u}_l)$を計算する．

(3) 出力層においてi番目のユニットでは活性化関数g_{L+1}を用いて$f_{\mathbf{W}i}(\boldsymbol{x}) = g_{L+1,i}(\boldsymbol{u}_{L+1})$を出力する．

この計算手順の出力層では，q値分類における活性化関数としてソフトマックス関数を用いた場合も想定した記述をしているが，回帰の場合には単純に活性化関数は恒等関数，すなわちユニットへの入力の和をそのまま出力すればよい．なお**図 5.22** は$L = 2$とした場合の上の計算手順に対応しているので，合わせて見比べていただきたい．図には$l = 1, 2, 3$それぞれに対するパラメータ$\boldsymbol{w}_{l1}$の要素のみ青字で記載している．

データが与えられたもとでの評価基準については，すでに学んだニューラルネットワークの評価基準と同じである点に注意されたい．回帰の場合には平均2乗誤差（MSE），分類の場合には交差エントロピーを用いることが多い．ニューラルネットワークならびにディープニューラルネットワークに関して，出力するパラメータを決定する方法については付録Bで説明する．ただしすでに指摘しているように，残念ながらニューラルネットワークならびにディープニューラルネットワークに対して評価基準を厳密に最小とする解を求めることは一般に困難なため，ランダムに決める初期値や最適化のアルゴリズムに依存して異なるパラメータ（そして異なる関係式）が出力されることも少なくない点に十分注意が必要である．

5.8 同質性を仮定したニューラルネットワークによる予測

さて，前節までは説明を簡単にするために特徴記述を目的としたニューラルネットワークの意思決定写像を扱ってきた．しかし実際には予測を目的としてニューラルネットワークを利用するケースがほとんどであろう．そこで本節では学習データと新たなデータは同様なメカニズムから発生しているという仮定，すなわち同質性を仮定し，ニューラルネットワークを予測に用いる場合について説明する[†23]．

同質性を仮定した予測についてはすでに第4章で説明した通り，学習データに対してニューラルネットワークを1つ定めて予測関数とし，目的変数の値が未知である新しい説明変数の値を受け取ったら，先ほど定めた予測関数であるニューラルネットワークにこの説明変数の値を入力し，ニューラルネットワークの出力を持って目的変数の値の予測を行う．このときニューラルネットワークは中間層の数やそれぞれの中間層におけるユニット数，各中間層のユニットに用いる活性化関数など，ニューラルネットワークの構造が予測精度に大きく影響を与える．したがって学習データに対してどのようにニューラルネットワークを1つ定めるか，という問題が出てくる．

ニューラルネットワークにおいて問題を複雑にしている点としては，ニューラルネットワークの構造を定める組合せ（層の数，中間層のユニット数，活性化関数の種類などの組合せ）が非常に多いこと，ニューラルネットワークが非常に複雑かつ高い表現能力を持っていること，ならびに必ずしも評価基準を最小とするパラメータを見つけることができないことなどがあげられる．

第4章でも問題として扱ったように，学習データに対する意思決定写像の評価基準として，回帰において平均2乗誤差（MSE）を，分類において交差エントロピーを用いたとき，より複雑な予測関数ほどこれらの評価基準の値を小さくしてしまう傾向がある．すなわち得られた複雑な予測関数は，パラメータ推定に用いたデータはうまく表現できるが，実際に予測を行いたい新たなデータについてはうまくフィッティングしないことが起こりうる．これは第4章で説

[†23] 本節ではディープニューラルネットワークも含めてニューラルネットワークと表現することにする．

明した**過学習**と呼ばれる現象である．

そこで未知のデータに対する予測関数を用いた場合の予測の誤差を評価するために，ニューラルネットワークではクロスバリデーションを用いることが多い．また過学習の影響を小さくするために，しばしば評価基準に第 4 章でも述べた正則化を用いることや，汎化誤差が大きくなる前に最適化の繰り返しを終了する**早期終了**（Early stopping）などが用いられる．さらに，最適化の 1 回ごとの繰り返しの中でランダムにユニットを「無効化」する**ドロップアウト**や，訓練データ中のいくつかのデータのブロック（ミニバッチと呼ばれる）ごとに中間層への入力を標準化する**バッチ正規化**なども有効であることが知られている[†24]．このように，ディープニューラルネットワークでは学習方法における特有の工夫も多く，構造だけでなく学習の意味も込めて**深層学習**（**ディープラーニング**）と呼ばれることが一般的である．

5.9 データの特徴を利用する方法

扱うデータの構造や特徴をうまく利用して予測を行うニューラルネットワークも種々提案されている．重回帰分析において基底の数や種類を自由に選べたように，ニューラルネットワークでは中間層の層の数や各層のユニットの数，各層のユニットにおける活性化関数の種類などの自由度がある．これ以外にもデータの特徴に合わせて結線（矢印のこと）に制限や拡張を加えたり，パラメータに制約を持たせたりなどニューラルネットワークの構造を変えることができる．さらにはこれまで説明した線形和と活性化関数の組合せ以外にも，ユニットへの複数の入力の最大値や平均値を求める演算や積をとる演算などを用いることも可能である．特に画像・音声・自然言語など従来難しいとされてきたデータに対してそれらの特徴を利用するニューラルネットワークの構造が提案され，また前節で述べたようにそれらの学習法も進歩したことにより深層学習は大きな成功を収めた．そこで本節ではデータの特徴を利用する基本的なニューラルネットワークについて少しだけ触れる．

まず画像分類を含めた画像認識では**畳み込みニューラルネットワーク**（Convolutional Neural Network：CNN と略す）がよく利用される．CNN ではま

[†24] ミニバッチを利用した学習については，付録 B で説明する．

ずカラー画像の幅を W_0，高さを H_0 として，画像の各ピクセルが RGB の 3 つの色（R,G,B）それぞれの輝度の値からなるものとする．この時，各ピクセルの R,G,B の 3 つの値があるので，これを深さ $D_0 = 3$ と表現する．すなわち，入力するデータは $W_0 \times H_0 \times D_0$ の 3 次元データと見なす．さて，CNN では $W_0 \times H_0 \times D_0$ 個のユニットがある入力層にこの 3 次元のデータを入力する．次に，小さな w_0 と h_0 を指定して，画像の左上から $w_0 \times h_0 \times D_0$ の小さな 3 次元の入力層のユニット群に着目して，このユニット群と接続する 1 つのユニット（中間層）へ矢印を結ぶ．この時矢印に付随するパラメータは矢印の数と同じ $w_0 \times h_0 \times D_0$ 個あるが，これを CNN では**フィルタ**あるいは**カーネル**と呼ぶ[†25]．さて，いま入力層の左上から小さな 3 次元のユニット群に着目したが，このブロックを少しだけ横にずらして（ずらす量をストライドと呼ぶ）また $w_0 \times h_0 \times D_0$ の 3 次元のユニット群に着目して，これらと次の中間層の 1 つのユニットへ矢印を結ぶ．この時，それぞれの矢印のパラメータは先ほどのパラメータ（すなわちフィルタ）の値と同じものとする．このように，画像の幅と高さに対して幅方向と高さ方向のそれぞれに少しずつずらして同じ値を持つフィルタの矢印で接続する中間層のユニットを作成する．ここで結果的にいま入力層の次の中間層では幅が W_1，高さが H_1 のユニット群が作られたものとする．この作られた各ユニットでは通常のニューラルネットワークと同様の演算が行われ，入力の線形和をとった後に活性化関数が計算されて，値が出力される．するといま $W_1 \times H_1$ 個の中間層のユニットから同じ数の出力がでる．この出力を**特徴マップ**と呼ぶ．さて，いま入力層から 1 種類のフィルタ（$w_0 \times h_0 \times D_0$ 個のパラメータ）を用いて中間層のユニットを $W_1 \times H_1$ 個作ったが，これを異なる D_1 種類のフィルタ（この数 D_1 をチャネル数と呼ぶ）を作成して，それぞれに対して中間層のユニットを $W_1 \times H_1$ 個作成する．すなわち，結果的に入力層からつながる中間層のユニット数は合計 $W_1 \times H_1 \times D_1$ 個になる．このように，再び中間層が 3 次元のユニット群として配置される形式になっている点に注意されたい．このようなニューラルネットワークの構造を CNN の用語で**畳み込み層**と呼ぶ．このように第 l 層の畳み込み層のユニットは，前の層の隣接する近いピクセルに対応するユニット（小さな 3 次元のユ

[†25] より正確にはバイアス項のパラメータが 1 つ加わる．

ニット群）からのみ入力があるように制限されていて，さらに位置をずらしても共通なフィルタ（矢印のパラメータ群）によって結線されている．結果的に共通な1つのフィルタにより，$W_l \times H_l$ 個のユニットからの出力（特徴マップ）が出力される．さらにこのフィルタが深さ D_l 種類存在して，結果的に D_l 個の特徴マップが出力される[†26]．このように制限することにより，パラメータの数を劇的に削減しつつ，画像の特徴をうまく捉えることに成功している．したがって，フィルタはチャネル数 D_l だけ種類が存在することになるため，畳み込み層のチャネル数は精度を決める重要な要因の一つとなる．またCNNでは**プーリング層**という構造も合わせて用いることが多い．プーリング層では矢印から入ってきた複数の入力に対して最大値をとる操作（最大値プーリングと呼ぶ）や平均値をとる操作（平均値プーリングと呼ぶ）を行う．例えば最大値プーリングを用いたプーリング層では，前の特徴マップにおける近隣のユニット群の出力のみから矢印を結び，この複数の入力（特徴マップの一部）における最大値をユニットの出力とする．この時矢印にはパラメータは持たない点に注意されたい．このような操作により，例えば画像内の重要な特徴が強調されたり，認識したい物体の微小な移動を吸収できるなど画像の特性をうまく利用できる．またCNNにおいて出力層，あるいは出力層近くの中間層では通常のニューラルネットワークと同様に各ユニットは前の層にあるすべてのユニットの出力が重みを介して入力される．このような中間層あるいは出力層は深層学習の用語で**全結合層**（**Dense 層**）と呼ばれる．これらのニューラルネットワークの構造と先の学習法の導入により画像認識の精度は飛躍的に高まり，現在も利用されている．

次に音声などの時系列データに対しては，**リカレントニューラルネットワーク**（Recurrent Neural Network：RNNと略す）や**長・短期記憶**（Long Short-Term Memory：LSTMと略す）などのニューラルネットワークなどがある．RNNは中間層や出力層からの出力を，次の時点において，入力層を含むより入力層に近い層への入力の一部とするニューラルネットワークであり，再帰型ニューラルネットワークとも呼ばれる．シンプルなRNNとしては，中間層の出力を次の時点の当該中間層への入力の一部とするニューラルネット

[†26] したがってこの畳み込み層のユニット数は $W_l \times H_l \times D_l$ 個である点に注意されたい．

ワークである．これによって，一定時間ごとに刻々と入力される系列の記憶を中間層が持つ構造になる．RNN は 1 つ前の時点の影響が次の時点に強く影響する構造をしているが，より前の影響を柔軟に反映させる構造として LSTM が提案されている．LSTM のユニットは，記憶セル，入力ゲート，出力ゲート，忘却ゲートと呼ばれる機構（メモリと演算）を持つことによって，短期記憶だけでなく合わせて長期記憶も有し，長期・短期の時系列的な依存関係を柔軟に捉えることに成功している．

自然言語処理については，近年，自然言語における各単語を数百次元のベクトルに変換して表現する **Word2Vec** が出現した†27．変換後のベクトルの近い単語同士は意味や使われ方も近いなどといった性質を持つことから，単語に対するベクトルの演算や処理が可能となった．さらに自然言語の文章を単語†28ベクトルの系列に変換して処理する**トランスフォーマー**と呼ばれる深層学習が出現し，自然言語処理の精度が飛躍的に高まった．トランスフォーマーは**アテンション機構**を使って入力した文章中の特定の入力に「注意」を向けることを可能とし†29，さらに入力した文章を参照するエンコーダと，すでに出力した一部分を入力として参照するデコーダの両者を用いる構造になっている．このような構造や考え方は時系列データや画像へも応用可能であり，さらなる発展を見せている．

また近年，画像・音声・テキスト文章を自動的に生成する AI（生成 AI）が出現しているが，それらはここで説明した技術が応用されている．このように深層学習は様々な分野で発展を遂げており，新たな構造や学習方法，新しい応用が生み出されている†30．

---

†27 Word2Vec もニューラルネットワークおよびその学習の考え方を応用して実現している．

†28 より正確にはトークンと呼ばれる単位．

†29 正確には Query，Key，Value という 3 つ組に対してスケール化された内積アテンションという考え方を用い，またアテンションを複数に分割したマルチヘッドアテンションという機構が使われている．

†30 付録 A にニューラルネットワークの利用法について説明するので，参照されたい．

●コラム 生成観測メカニズムとしての多値分類に対するロジスティック回帰と評価基準

まず式 (5.47) から，以下のことがわかる．

(1) $f_{\mathbf{B}i}(\boldsymbol{x})$ は 0 以上 1 以下の値になる．

(2) $f_{\mathbf{B}1}(\boldsymbol{x}) + f_{\mathbf{B}2}(\boldsymbol{x}) + \cdots + f_{\mathbf{B}q}(\boldsymbol{x}) = 1$

(3) $\boldsymbol{\beta}_i^\top \boldsymbol{x}$ の値が他と比較して相対的に大きくなるほど $f_{\mathbf{B}i}(\boldsymbol{x})$ は 1 に近づき，逆に相対的に小さい値（原点から負の方向に大きい値）になるほど $f_{\mathbf{B}i}(\boldsymbol{x})$ は 0 に近づく．

(1) および (2) は，指数関数は必ず 0 より大きいことと，式 (5.47) の右辺を見ると，分子の値が必ず 1 つだけ分母に含まれていることから成り立つ．

生成観測メカニズムとしての多項ロジスティック回帰は，パラメータ行列 $\mathbf{B}$ がまず定められ，説明変数ベクトル $\boldsymbol{x}$ が与えられたもとで目的変数の値が i（i は 1 から q のどれか）になる確率 $p(\underset{\sim}{y}_i = 1; \mathbf{B})$ が $f_{\mathbf{B}i}(\boldsymbol{x})$ と等しいモデルである．すなわち，目的変数の値は確率 $f_{\mathbf{B}i}(\boldsymbol{x})$ でカテゴリ i になることを意味する．

さて，このような生成観測メカニズムから n 組のデータ $(\boldsymbol{x}_1, \underset{\sim}{\boldsymbol{y}}_1), (\boldsymbol{x}_2, \underset{\sim}{\boldsymbol{y}}_2), \ldots, (\boldsymbol{x}_n, \underset{\sim}{\boldsymbol{y}}_n)$ が生起する場合の評価基準を考える．真のパラメータ行列が $\mathbf{B}^*$ だったとしたとき，k 番目の $\underset{\sim}{\boldsymbol{y}}_k$ が生起する確率は

$$f_{\mathbf{B}^*1}(\boldsymbol{x}_k)^{\underset{\sim}{y}_{k1}} f_{\mathbf{B}^*2}(\boldsymbol{x}_k)^{\underset{\sim}{y}_{k2}} \cdots f_{\mathbf{B}^*q}(\boldsymbol{x}_k)^{\underset{\sim}{y}_{kq}} \tag{1}$$

と書ける．なぜならば $\underset{\sim}{y}_{k1}, \underset{\sim}{y}_{k2}, \ldots, \underset{\sim}{y}_{kq}$ はどれか一つが 1 で他は必ず 0 だからである．例として $\underset{\sim}{y}_{k3} = 1$ とすると，他の $\underset{\sim}{y}_{ki} = 0$，$i \neq 3$ である．このとき

$$\begin{aligned} &f_{\mathbf{B}^*1}(\boldsymbol{x}_k)^{\underset{\sim}{y}_{k1}} f_{\mathbf{B}^*2}(\boldsymbol{x}_k)^{\underset{\sim}{y}_{k2}} \cdots f_{\mathbf{B}^*q}(\boldsymbol{x}_k)^{\underset{\sim}{y}_{kq}} \\ &\quad = f_{\mathbf{B}^*1}(\boldsymbol{x}_k)^0 f_{\mathbf{B}^*2}(\boldsymbol{x}_k)^0 f_{\mathbf{B}^*3}(\boldsymbol{x}_k)^1 \cdots f_{\mathbf{B}^*q}(\boldsymbol{x}_k)^0 = f_{\mathbf{B}^*3}(\boldsymbol{x}_k) \end{aligned} \tag{2}$$

となる．このようにある v に対して $\underset{\sim}{y}_{kv} = 1$ だとすると

$$f_{\mathbf{B}^*1}(\boldsymbol{x}_k)^{\underset{\sim}{y}_{k1}} f_{\mathbf{B}^*2}(\boldsymbol{x}_k)^{\underset{\sim}{y}_{k2}} \cdots f_{\mathbf{B}^*q}(\boldsymbol{x}_k)^{\underset{\sim}{y}_{kq}} = f_{\mathbf{B}^*v}(\boldsymbol{x}_k) \tag{3}$$

となる．この確率 $f_{\mathbf{B}^*v}(\boldsymbol{x}_k)$ は $\underset{\sim}{y}_{kv} = 1$ となる確率を意味するのであった．以上から，$\boldsymbol{x}_1, \boldsymbol{x}_2, \ldots, \boldsymbol{x}_n$ が与えられたもとで $\underset{\sim}{\boldsymbol{y}}_1, \underset{\sim}{\boldsymbol{y}}_2, \ldots, \underset{\sim}{\boldsymbol{y}}_n$ が生起する確率は

$$p(\boldsymbol{y}_1, \boldsymbol{y}_2, \ldots, \boldsymbol{y}_n; \mathbf{B}^*) = \prod_{k=1}^{n} f_{\mathbf{B}^*1}(\boldsymbol{x}_k)^{y_{k1}} f_{\mathbf{B}^*2}(\boldsymbol{x}_k)^{y_{k2}} \cdots f_{\mathbf{B}^*q}(\boldsymbol{x}_k)^{y_{kq}} \quad (4)$$

と書けることがわかった.

さていま $\mathbf{B}^*$ は未知で，データとして $\boldsymbol{y}_1, \boldsymbol{y}_2, \ldots, \boldsymbol{y}_n$ が得られているとき，$p(\boldsymbol{y}_1, \boldsymbol{y}_2, \ldots, \boldsymbol{y}_n; \mathbf{B})$ を $\mathbf{B}$ の関数と見て「尤度」と呼ぶのであった．この対数をとった対数尤度

$$\log p(\boldsymbol{y}_1, \boldsymbol{y}_2, \ldots, \boldsymbol{y}_n; \mathbf{B}) = \sum_{k=1}^{n} \sum_{i=1}^{q} y_{ki} \log f_{\mathbf{B}i}(\boldsymbol{x}_k) \quad (5)$$

を評価基準とすることができる．対数尤度は大きいほど良い点に注意されたい．さてここで式 (5.48) の交差エントロピーと対数尤度を比べてみると，交差エントロピーは対数尤度を負の値にしたものであることがわかる．このように，多項ロジスティック回帰に対する評価基準である交差エントロピーは生成観測メカニズムから導出されることがわかる.

付録A ニューラルネットワークの利用法

本付録では，ニューラルネットワークのモデルを，説明変数 $\boldsymbol{x}$ により目的変数 $\boldsymbol{y}$ を説明する回帰や分類の問題における特徴記述や予測の意思決定で用いたが，$\boldsymbol{x}$ と $\boldsymbol{y}$ の関係を何層もの基底と非線形変換の繰り返しで表現するニューラルネットワークのモデルとしての表現能力の広さと柔軟性は，回帰以外の目的にも用いることができる．

例えば，**図 A.1** のように $\boldsymbol{x}$ と $\boldsymbol{z}$ と $\boldsymbol{z}$ と $\boldsymbol{x}'$ の関係をそれぞれ表す 2 つのニューラルネットワークを考えてみよう．このニューラルネットワークの模式図で $\boldsymbol{z}$ 側が $\boldsymbol{x}$ や $\boldsymbol{x}'$ 側に比べ幅が狭くなっているのは，その層のユニット数が少なくなっていることを表している．

それぞれの決定の目的を，このニューラルネットワークの模式図の下の意思決定写像で表現している．左側のニューラルネットワークは $\boldsymbol{x}$ の特徴をなるべく少ない変数つまり低次元の空間で記述する．右側のニューラルネットワークでは $\boldsymbol{z}$ からもとの $\boldsymbol{x}$ になるべく近い $\boldsymbol{x}'$ を出力する．評価基準は左側だけだと次元の縮小であるが，右側では $\boldsymbol{x}$ と $\boldsymbol{x}'$ の誤差となる．この 2 つの評価基準がトレードオフの関係にあることは容易にわかるであろう．

この 2 つを合わせたニューラルネットワークは，歴史的にはオートエンコーダとして提案されたもので[†1]，左側のニューラルネットワークはエンコーダ，右側のニューラルネットワークはデコーダと呼ばれている．全体のニューラルネットワークは一見ただ情報を圧縮して元に戻すことを目的にしているように捉えられるが，上記で説明したように，$\boldsymbol{x}$ の特徴に関する情報を，なるべく低次元の $\boldsymbol{z}$ を用いて記述することが目的であると考えられる．

[†1] $\boldsymbol{z}$ を分布のパラメータを表現するベクトルとして発展させた VAE（Variational Auto Encoder）も用いられている．

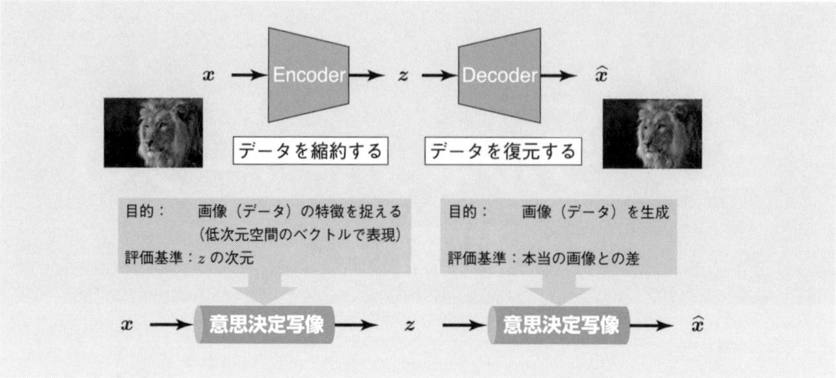

図 A.1 オートエンコーダの模式図と意思決定写像による解釈

画像や音声に関するパターン認識において，SVM やロジステック回帰などの汎用的な分類法を用いるための前処理として，画像や音声の観測信号 $\boldsymbol{x}$ を何らかの形で変換した特徴量 $\boldsymbol{z}$ を求める．例えば，音声の波形信号 $\boldsymbol{x}$ をフーリエ解析で周波数信号 $\boldsymbol{z}$ に変換して特徴量とする場合が多い．多くの画像や音声に関するパターン認識では，この変換で求めた特徴量 $\boldsymbol{z}$ を説明変数として汎用的分類アルゴリズムを用いることにより分類の意思決定を行っている．分類アルゴリズムだけでなく，この特徴量への変換として何を用いるかもパターン認識の重要な問題となっている．

観測信号から特徴量に変換する部分が，このニューラルネットワークの $\boldsymbol{x}$ から $\boldsymbol{z}$ への変換に対応していると捉えることができる．ニューラルネットワークはその他の機械学習等のように汎用的な分類判別の写像だけでなく，この特徴量に変換する写像部分も中間層に含んだ回帰分類法と見なせ，観測信号をそのまま入力すれば回帰や分類の結果が出力される end-to-end のアルゴリズムとして利用される．それはすべてが自動的で便利であるが，結果が出力されるメカニズムがわかりくいというデメリットとも持ち合わせている．

さてもう一方の，右側のニューラルネットワークは何に使われるのであろうか．入力 $\boldsymbol{x}$ を画像データとして考えてみよう．右側のニューラルネットワークの入力 $\boldsymbol{z}$ として，左側のニューラルネットワークから出力された $\boldsymbol{z}$ とは違う何かのベクトルを入力すると，$\boldsymbol{x}'$ の出力ベクトルとして $\boldsymbol{x}$ そのものではないが，画像のような出力が得られるかもしれない．つまり，デコーダは新たな画像や音声や文章を生成するためのメカニズムとして利用ができそうであり，このようなデコーダは生成器とも呼ばれる．これが，生成 AI とも呼ばれるニューラルネットワークにより画像や音声や文章等を生成する仕組みのもとになっている．

より画像らしい出力を得るように生成器のニューラルネットワークを学習させる仕組みとして GAN（Generative Adversarial Nets）が提案されている．それは，**図 A.2** のような構成で，オートエンコーダのデコーダ部分の生成器と，別の識別器と呼ばれるニューラルネットワークを組み合わせて，互いに相反する目的で競合させることで，それぞれの評価基準をより良くする方向にニューラルネットワークのパラメータを学習させていく仕組みとなっている．

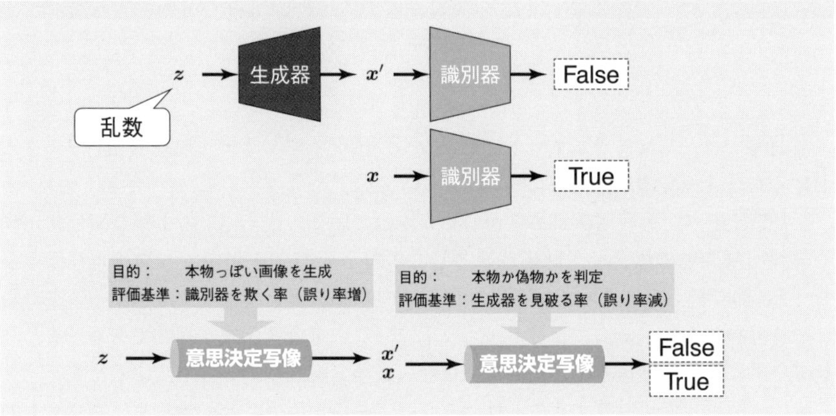

図 A.2　GAN の模式図と意思決定写像による解釈

それぞれのニューラルネットワークを意思決定写像として表すと，生成器のニューラルネットワークの目的は本物のような画像を生成することで，評価基準は識別器を欺く，つまり識別器における判別誤り率の増加となる．逆に識別器の目的は画像の真偽の判定で，生成器からの出力 $\boldsymbol{x}'$ は偽，本物画像 $\boldsymbol{x}$ は真と判別することが目的であり，評価基準は生成器を見破る，つまり判別誤り率の減少となる．このように，2 つのニューラルネットワークを相反する目的で競合させて学習を行うことで，本物のような画像を生成する生成器を構成しようとしている．識別器の判別誤り率を増加させることは，生成器で生成した画像の画素の分布と本物の画像の画素の分布との分布間距離を小さくすることに対応しており，分布間距離としてカルバック–ライブラー（KL）情報量と逆 KL 情報量の和や Wasserstein 計量などが用いられている．

付録 B ニューラルネットワークのパラメータの決定

本付録では，ニューラルネットワークならびにディープニューラルネットワークにおけるパラメータの決定方法について説明する．

5.1 節で述べた基底関数があらかじめわかっていて，式 (5.1) のような関係式が成り立つ回帰問題の場合で，評価基準として平均 2 乗誤差を用いる意思決定写像の場合，2.3 節で詳しく説明しているように，この評価基準を最小とするパラメータは陽に計算可能である．一方ニューラルネットワークの場合関係式が複雑であり，またパラメータに対して評価基準が凸関数ではないため，評価基準を最小にするパラメータを陽に（閉形式で）計算することはできない．したがってニューラルネットワークのパラメータの決定には，勾配法が用いられる[†1]．勾配法はパラメータの適当な初期値を定めて，データを用いて現時点のパラメータの値に対する勾配を求め，勾配と逆方向にパラメータを若干修正することを繰り返す最適化アルゴリズムである．

ここでは一般にニューラルネットワークを含むディープニューラルネットワークに対する勾配法について説明する．まずは勾配法の大枠を見るために，与えられたデータに対してあるパラメータ $\mathbf{W}$ に対する評価基準の値を $l(\mathbf{W})$ とする．データは与えられているので，評価基準はパラメータの関数である点に注意していただきたい．このとき，最もシンプルな勾配法は次のような繰り返し法になる．

勾配法

(1) パラメータの初期点 $\mathbf{W}^{(0)} = [w_{lij}^{(0)}]$ を適当に定める．繰り返し回数を $t = 0$ とする

(2) すべての l, i, j について，評価基準を偏微分して時点 t におけるパラメータを

[†1] 最適化，ならびに勾配法の概要や考え方についてはデータ科学入門 II の付録 B を参照されたい．

代入した値 $\frac{\partial l(\mathbf{W}^{(t)})}{\partial w_{lij}}$ を計算する．もしすべての値が 0 に十分近ければアルゴリズムを終了し，$\mathbf{W}^{(t)}$ を勾配法の出力とする．そうでなければ (3) へ進む

(3) すべての l, i, j について次式でパラメータを更新する[†2]

$$w_{lij}^{(t+1)} = w_{lij}^{(t)} - \lambda \frac{\partial l(\mathbf{W}^{(t)})}{\partial w_{lij}} \tag{B.1}$$

(4) $t := t + 1$ として (2) へ戻る

実際には式 (B.1) の更新式を改良した様々な勾配法が提案されている[†3]が，ニューラルネットワークあるいはディープニューラルネットワークに対する最適化に必要なことは，式 (B.1) にも現れている評価基準を偏微分した値 $\frac{\partial l(\mathbf{W}^{(t)})}{\partial w_{lij}}$ の計算である．

そこで，ここからは具体的に回帰と 2 値分類，多値分類それぞれに分けて評価基準をパラメータで偏微分した値を導出する方法について説明する．

B.1 回帰に対する偏微分の導出

まずは目的変数が 1 つの回帰の場合を示す．n 組のデータは $(\boldsymbol{x}_1, y_1), \ldots, (\boldsymbol{x}_n, y_n)$ であり，目的変数は量的変数である．またディープニューラルネットワークの出力は 1 変数で $f_{\mathbf{W}}(\boldsymbol{x})$ と表すが，$f_{\mathbf{W}}(\boldsymbol{x}) = u_{L+1,1}$ である点に注意されたい．さてここでは回帰に対する評価基準として，次式の平均 2 乗誤差（MSE）

$$l(\mathbf{W}) = \frac{1}{n}\sum_{k=1}^{n} l_k(\mathbf{W}) = \frac{1}{n}\sum_{k=1}^{n} (y_k - f_{\mathbf{W}}(\boldsymbol{x}_k))^2 \tag{B.2}$$

を用いる場合を考える．ただし，$l_k(\mathbf{W}) = (y_k - f_{\mathbf{W}}(\boldsymbol{x}_k))^2$ とおいた．ここで偏微分の線形性と合成関数の偏微分の性質を利用すると，

$$\begin{aligned}\frac{\partial l(\mathbf{W})}{\partial w_{lij}} &= \frac{1}{n}\sum_{k=1}^{n} \frac{\partial l_k(\mathbf{W})}{\partial w_{lij}} = \frac{1}{n}\sum_{k=1}^{n} \frac{\partial l_k(\mathbf{W})}{\partial f_{\mathbf{W}}(\boldsymbol{x}_k)} \frac{\partial f_{\mathbf{W}}(\boldsymbol{x}_k)}{\partial w_{lij}} \\ &= -\frac{2}{n}\sum_{k=1}^{n} (y_k - f_{\mathbf{W}}(\boldsymbol{x}_k)) \frac{\partial f_{\mathbf{W}}(\boldsymbol{x}_k)}{\partial w_{lij}}\end{aligned} \tag{B.3}$$

となることがわかる．したがって $\frac{\partial l(\mathbf{W}^{(t)})}{\partial w_{lij}}$ を計算するには，この式から $\frac{\partial f_{\mathbf{W}^{(t)}}(\boldsymbol{x}_k)}{\partial w_{lij}}$

[†2] λ は更新の重みを表し，通常は小さな正の定数とする．

[†3] 本書の範囲を超えるためにここでは解説を省くが，ADAM やその改良版などが利用されることも多い．

が計算できればよいことがわかる.

まず $f_{\mathbf{W}}(\boldsymbol{x})$ に対するパラメータ $w_{L+1,1,j}$ での偏微分を考える．ここで回帰における出力層はユニットが 1 つのため $\boldsymbol{W}_{L+1} = [\boldsymbol{w}_{L+1,1}^{\top}]$ として

$$
\begin{aligned}
f_{\mathbf{W}}(\boldsymbol{x}) &= u_{L+1,1} = \boldsymbol{W}_{L+1}\boldsymbol{g}_L(\boldsymbol{u}_L) = \boldsymbol{w}_{L+1,1}^{\top}\boldsymbol{g}_L(\boldsymbol{u}_L) \\
&= w_{L+1,1,0} + w_{L+1,1,1}g_L(u_{L1}) + \cdots + w_{L+1,1,d_L}g_L(u_{Ld_L}) \qquad \text{(B.4)}
\end{aligned}
$$

となる．したがって

$$
\frac{\partial f_{\mathbf{W}}(\boldsymbol{x})}{\partial w_{L+1,1,j}} = \frac{\partial u_{L+1,1}}{\partial w_{L+1,1,j}} = g_L(u_{Lj}) \qquad \text{(B.5)}
$$

となり，とても簡単になることがわかった.

さて，この後は議論を一般化するために有用な $\frac{\partial u_{l+1,r}}{\partial u_{li}}$ の関係を示す．$l = 1, 2, \ldots, L$ に対して

$$
u_{l+1,r} = w_{l+1,r,0} + w_{l+1,r,1}g_l(u_{l1}) + \cdots + w_{l+1,r,d_l}g_l(u_{ld_l}) \qquad \text{(B.6)}
$$

である．ここで u_{li} は $g_l(u_{li})$ に変換され，$g_l(u_{li})$ は式 (B.6) の中に 1 回だけ出てきているので $u_{li} \Rightarrow g_l(u_{li}) \Rightarrow u_{l+1,r}$ のように関係していることがわかる．偏微分はその性質から，偏微分の対象としている u_{li} が関係しない項は 0 となるため，他の和の項は無視できる．したがって，合成関数の偏微分の公式と式 (B.6) の関係から

$$
\frac{\partial u_{l+1,r}}{\partial u_{li}} = \frac{\partial u_{l+1,r}}{\partial g_l(u_{li})}\frac{\partial g_l(u_{li})}{\partial u_{li}} = w_{l+1,r,i}g_l'(u_{li}) \qquad \text{(B.7)}
$$

が成り立つ．ここで式 (B.7) の関数 $g_l'(\cdot)$ は，活性化関数 $g_l(\cdot)$ の導関数である†4．ここで記述を簡便にするため，ならびに後ほどアルゴリズムでの利用を便利にするため

$$
\mathit{\Delta}_{l,i}^{l+1,r} = \frac{\partial u_{l+1,r}}{\partial u_{li}} = w_{l+1,r,i}g_l'(u_{li}) \qquad \text{(B.8)}
$$

と書くことにする．より一般にある l_1 と l_2（$l_1 < l_2$）に対して

$$
\mathit{\Delta}_{l_1,i}^{l_2,r} = \frac{\partial u_{l_2,r}}{\partial u_{l_1,i}} \qquad \text{(B.9)}
$$

のように記述する．また $\frac{\partial u_{li}}{\partial w_{lij}}$ については

$$
u_{li} = w_{li0} + w_{li1}g_{l-1}(u_{l-1,1}) + \cdots + w_{lid_{l-1}}g_{l-1}(u_{l-1,d_{l-1}}) \qquad \text{(B.10)}
$$

---

†4 個別の活性化関数の導関数については 5.5 節を参照されたい.

であるから

$$\frac{\partial u_{li}}{\partial w_{lij}} = g_{l-1}(u_{l-1,j}) \tag{B.11}$$

となることがわかる.

ここまでの結果から，式 (B.8)，(B.11) において $l = L$，$r = 1$ とおくと

$$\frac{\partial f_{\mathbf{W}}(\boldsymbol{x})}{\partial w_{Lij}} = \frac{\partial u_{L+1,1}}{\partial w_{Lij}} = \frac{\partial u_{L+1,1}}{\partial u_{Li}} \frac{\partial u_{Li}}{\partial w_{Lij}} = \varDelta_{L,i}^{L+1,1} g_{L-1}(u_{L-1,j}) \tag{B.12}$$

となることがわかる．この結果を式 (B.3) に用いると，$l = L$ に対する偏微分の値が求まる．なおもし $L = 1$ の場合，すなわち 5.3 節までの回帰に対するニューラルネットワークの場合には，ここまでの結果を用いれば勾配法によってパラメータの決定が可能である[†5].

さて次に $L > 1$ の場合を考える．ここで今後の一般化のために，ある l ($l = 2, 3, \ldots, L$) に対して $\varDelta_{l-1,i}^{l+1,s} = \frac{\partial u_{l+1,s}}{\partial u_{l-1,i}}$ を考える．まず $u_{l-1,i}$ は $g_{l-1}(u_{l-1,i})$ のように変換される．次に第 l 層の r 番目のユニットにおける $u_{l,r}$ は $g_{l-1}(u_{l-1,i})$ の影響を受ける．具体的には

$$u_{lr} = w_{lr0} + w_{lr1} g_{l-1}(u_{l-1,1}) + \cdots + w_{lrd_{l-1}} g_{l-1}(u_{l-1,d_{l-1}}) \tag{B.13}$$

であるため，この中に必ず 1 つだけ $g_{l-1}(u_{l-1,i})$ が含まれている．すなわち，第 l 層のすべてのユニットが $g_{l-1}(u_{l-1,i})$ の影響，つまり $u_{l-1,i}$ の影響を受ける．一方で $u_{l+1,s}$ は式 (B.6) における r を s に置き換えたものなので，$u_{l+1,s}$ に対して $u_{l-1,i}$ が影響を与える変数の関係は，**図 B.1** のようになる．

今一度式 (B.6) の関係から，偏微分の線形性と合成関数の公式を用いて次式が成り

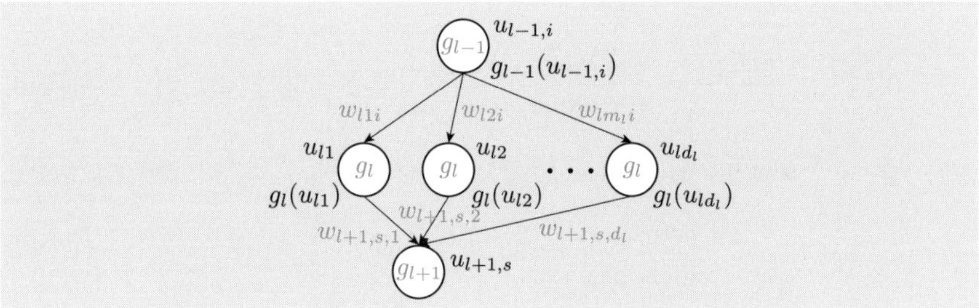

図 B.1 $u_{l-1,i}$ の値が $u_{l+1,s}$ に対して影響を与える変数群

---

†5 その場合，式としては $\boldsymbol{g}_0(\boldsymbol{u}_0) = \boldsymbol{x}$ とおけばよい.

立つ．

$$\Delta_{l-1,i}^{l+1,s} = \frac{\partial u_{l+1,s}}{\partial u_{l-1,i}} = \sum_{r=1}^{d_l} \frac{\partial u_{l+1,s}}{\partial u_{lr}} \frac{\partial u_{lr}}{\partial u_{l-1,i}} = \sum_{r=1}^{d_l} \Delta_{l,r}^{l+1,s} \Delta_{l-1,i}^{l,r} \tag{B.14}$$

ここで式 (B.14) に対して $l = L$，$s = 1$ とおいて，再び $f_{\mathbf{W}}(\boldsymbol{x}) = u_{L+1,1}$ の関係と式 (B.11) から $\frac{\partial u_{L-1,i}}{\partial w_{L-1,i,j}} = g_{L-2}(u_{L-2,j})$ を用いると

$$\frac{\partial u_{L+1,1}}{\partial w_{L-1,i,j}} = \frac{\partial u_{L+1,1}}{\partial u_{L-1,i}} \frac{\partial u_{L-1,i}}{\partial w_{L-1,i,j}} = \Delta_{L-1,i}^{L+1,1} g_{L-2}(u_{L-2,j}) \tag{B.15}$$

が得られる．

もう一段さかのぼって，ある l（$l = 3, \ldots, L$）に対して $\Delta_{l-2,i}^{l+1,t} = \frac{\partial u_{l+1,t}}{\partial u_{l-2,i}}$ を考える．$u_{l+1,t}$ に対する $u_{l-2,i}$ の影響する変数を図示すると，**図 B.2** のようになる．

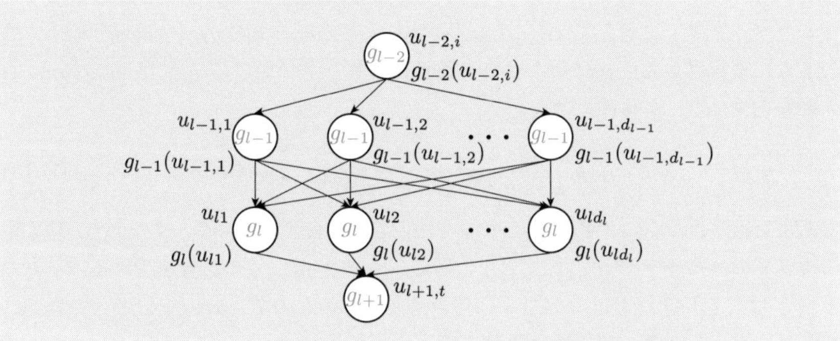

図 B.2 $u_{l-2,i}$ の値が $u_{l+1,t}$ に対して影響を与える変数群

先ほどと同じ議論を行うと

$$\Delta_{l-2,i}^{l+1,t} = \frac{\partial u_{l+1,t}}{\partial u_{l-2,i}} = \sum_{r=1}^{d_{l-1}} \frac{\partial u_{l+1,t}}{\partial u_{l-1,r}} \frac{\partial u_{l-1,r}}{\partial u_{l-2,i}} = \sum_{r=1}^{d_{l-1}} \Delta_{l-1,r}^{l+1,t} \Delta_{l-2,i}^{l-1,r} \tag{B.16}$$

が成り立つ．この関係において $l = L$，$t = 1$ とおくと，$w_{L-2,i,j}$ に関する偏微分は

$$\frac{\partial u_{L+1,1}}{\partial w_{L-2,i,j}} = \Delta_{L-2,i}^{L+1,1} g_{L-3}(u_{L-3,j}) \tag{B.17}$$

のように再帰的な関係が成り立つ．

これを一般化して $l_1, l_2 (l_1 < l_2)$ の場合について $\Delta_{l_1,i}^{l_2,t}$ を考えると

$$\Delta_{l_1,i}^{l_2,t} = \frac{\partial u_{l_2,t}}{\partial u_{l_1,i}} = \sum_{r=1}^{d_{l_1+1}} \frac{\partial u_{l_2,t}}{\partial u_{l_1+1,r}} \frac{\partial u_{l_1+1,r}}{\partial u_{l_1,i}} = \sum_{r=1}^{d_{l_1+1}} \Delta_{l_1+1,r}^{l_2,t} \Delta_{l_1,i}^{l_1+1,r} \tag{B.18}$$

が成り立つ．この式において，$l_1 = l$，$l_2 = L+1$，$t = 1$ とおくと，w_{lij} に関する偏微分は

$$\frac{\partial u_{L+1,1}}{\partial w_{lij}} = \Delta_{l,i}^{L+1,1} g_{l-1}(u_{l-1,j}) \tag{B.19}$$

となる．

さて偏微分の一般形がわかったので，説明変数ベクトルの値と，パラメータの値が決まっていたときに具体的な偏微分の値を求めるアルゴリズムを説明する．これ以降記号が混同されることを防ぐため，アルゴリズムの t 時点において決まったパラメータの値を $\mathbf{W}^{(t)} = [w_{lij}^{(t)}]$ のように表す．またパラメータの値が $\mathbf{W}^{(t)}$ で，与えられているデータの k 番目の説明変数ベクトルの値 $\boldsymbol{x}_k$ に対して，第 l 層（$l = 1, 2, \ldots, L+1$）において計算される $\boldsymbol{u}_l$ の値を $\boldsymbol{u}_l^{(t)}(\boldsymbol{x}_k)$ と書くことにする．より具体的には第 1 層では $\boldsymbol{u}_1^{(t)}(\boldsymbol{x}_k) = \boldsymbol{W}_1^{(t)} \boldsymbol{x}_k$ とし，第 $l+1$ 層（$l = 1, \ldots, L$）では $\boldsymbol{u}_{l+1}^{(t)}(\boldsymbol{x}_k) = \boldsymbol{W}_{l+1}^{(t)} \boldsymbol{g}_l(\boldsymbol{u}_l^{(t)}(\boldsymbol{x}_k))$ と表記する．したがって回帰の場合 $f_{\mathbf{W}^{(t)}}(\boldsymbol{x}_k) = u_{L+1,1}^{(t)}(\boldsymbol{x}_k)$ である．

このとき，具体的にパラメータの値が $\mathbf{W}^{(t)}$ で，与えられているデータの k 番目の説明変数ベクトルの値 $\boldsymbol{x}_k$ に対して，すべての l, i, j について $\frac{\partial l(\mathbf{W}^{(t)})}{\partial w_{lij}}$ を計算するアルゴリズムを以下に示す．

回帰のための勾配計算アルゴリズム（バックプロパゲーション）

入力　$\mathbf{W}^{(t)} = [w_{lij}^{(t)}], (\boldsymbol{x}_1, y_1), \ldots, (\boldsymbol{x}_n, y_n)$

出力　すべての l, i, j について $\frac{\partial l(\mathbf{W}^{(t)})}{\partial w_{lij}}$ の値を出力

(1)　すべての $k = 1, 2, \ldots, n$ に対して以下を計算

(1-1)　$\boldsymbol{u}_1^{(t)}(\boldsymbol{x}_k) = \boldsymbol{W}_1^{(t)} \boldsymbol{x}_k$ を計算

(1-2)　すべての $l = 1, \ldots, L$ に対して $\boldsymbol{u}_{l+1}^{(t)}(\boldsymbol{x}_k) = \boldsymbol{W}_{l+1}^{(t)} \boldsymbol{g}_l(\boldsymbol{u}_l^{(t)}(\boldsymbol{x}_k))$ を計算[†6]

(1-3)　すべての $l = 1, \ldots, L$ とすべての i, r に対して $\Delta_{l,i}^{l+1,r}(\boldsymbol{x}_k) = w_{l+1,r,i}^{(t)} g_l'(u_{li}^{(t)}(\boldsymbol{x}_k))$ を計算

(1-4)　$l = L-1, L-2, \ldots, 1$ の順に，それぞれ以下を計算

- すべての i について次式を計算

[†6] この計算で $f_{\mathbf{W}^{(t)}}(\boldsymbol{x}_k)$ が得られている点に注意されたい．

$$\Delta_{l,i}^{L+1,1}(\boldsymbol{x}_k) = \sum_{r=1}^{d_{l+1}} \Delta_{l+1,r}^{L+1,1}(\boldsymbol{x}_k)\Delta_{l,i}^{l+1,r}(\boldsymbol{x}_k) \tag{B.20}$$

(1-5)　すべての j について $\frac{\partial u_{L+1,1}^{(t)}(\boldsymbol{x}_k)}{\partial w_{L+1,1,j}} = g_L(u_{Lj}^{(t)}(\boldsymbol{x}_k))$ を計算

(1-6)　すべての $l = 1, 2, \ldots, L$ およびすべての i, j について次式を計算

$$\frac{\partial u_{L+1,1}^{(t)}(\boldsymbol{x}_k)}{\partial w_{lij}} = \Delta_{l,i}^{L+1,1}(\boldsymbol{x}_k) g_{l-1}(u_{l-1,j}^{(t)}(\boldsymbol{x}_k)) \tag{B.21}$$

(2)　すべての l, i, j について次式を計算

$$\frac{\partial l(\mathbf{W}^{(t)})}{\partial w_{lij}} = -\frac{2}{n}\sum_{k=1}^{n}(y_k - f_{\mathbf{W}^{(t)}}(\boldsymbol{x}_k))\frac{\partial u_{L+1,1}^{(t)}(\boldsymbol{x}_k)}{\partial w_{lij}} \tag{B.22}$$

このアルゴリズムは，ステップ (1-4) において出力層から入力層に向かって（入力層から出力層へ計算する通常と逆の向きに）偏微分の値を再帰的に求めていくので**バックプロパゲーション**と呼ばれる[†7].

さて上のバックプロパゲーションのアルゴリズムでは，n 組のすべてのデータ $(\boldsymbol{x}_1, y_1), \ldots, (\boldsymbol{x}_n, y_n)$ を用いて各勾配 $\frac{\partial l(\mathbf{W}^{(t)})}{\partial w_{lij}}$ を求めた．この結果を用いて本付録の最初に述べた勾配法を用いた最適化を**バッチ学習**と呼ぶ.

一方で，1 回の勾配を求めるために用いるデータを学習データ（クロスバリデーションを行う場合には訓練データ）から B 個を取り出し，この B 個のデータに対する損失の勾配を計算して，その勾配を用いてパラメータを更新する勾配法を**ミニバッチ学習**と呼ぶ．このときこの B 個のデータはミニバッチと呼ばれる．さてミニバッチ学習を行うときには，学習データ（クロスバリデーションを行う場合には訓練データ）を重複しないようにかつランダムに B 個ずつのデータのブロック（ミニバッチ）に分けて，この各ブロックについて勾配を求めて勾配法におけるパラメータ更新を行うことを繰り返す．すべてのブロックに対して 1 回ずつ勾配法の繰り返しが終わったら，改めて学習データをランダムに B 個ずつのブロックに分けて，ブロックごとに勾配を求めてパラメータ更新を繰り返す点に注意されたい．このすべてのブロックを 1 回学習することを 1 **エポック**という単位で呼ぶ．ミニバッチ学習は，ミニバッチご

[†7] ここでは記述を簡便にするためにステップ (2) の式 (B.22) において目的変数に関する誤差 $y_k - f_{\mathbf{W}^{(t)}}(\boldsymbol{x}_k)$ を掛け算しているが，この誤差をあらかじめ $\Delta_{Li}^{L+1,1}(\boldsymbol{x}_k)$ に掛け算しておくと，式 (B.22) で改めて誤差を掛け算する必要はなくなる．このように誤差を含めた項を出力層から入力層へ向かって伝播させることから，**誤差逆伝播法**とも呼ばれる.

とにパラメータの更新が進むので更新が早まる点，バッチ学習と比べて局所最適解に陥る可能性が低くなる点，過学習を抑制する働き，メモリ使用量の削減など多くの利点があるため，実際にはミニバッチ学習が利用されることが多い．

B.2 分類に対する偏微分の導出

本節では分類の場合について偏微分を導出するが，まずは 2 値分類の場合を説明する．2 値分類を考えた場合，目的変数が 1 変数の回帰の場合との違いは出力層の活性化関数がシグモイド関数になることと，評価基準が異なることである．ここでは評価基準として最も利用される交差エントロピーの場合について説明する．全パラメータ $\mathbf{W}$ が与えられたもとでの説明変数ベクトル $\boldsymbol{x}$ に対する 2 値分類のディープニューラルネットワークを考える．具体的には 2 値分類のためのニューラルネットワークの出力層のユニットに入力された値を $u_{L+1,1}(\boldsymbol{x})$ と書くと，その出力 $f_{\mathbf{W}}(\boldsymbol{x})$ はシグモイド関数を使って

$$f_{\mathbf{W}}(\boldsymbol{x}) = g_{\mathrm{Sig}}(u_{L+1,1}(\boldsymbol{x})) \tag{B.23}$$

である．また 2 値分類のための交差エントロピーは

$$l(\mathbf{W}) = \sum_{k=1}^{n} l_k(\mathbf{W}) = \sum_{k=1}^{n} \left(-y_k \log f_{\mathbf{W}}(\boldsymbol{x}_k) - (1 - y_k) \log\left(1 - f_{\mathbf{W}}(\boldsymbol{x}_k)\right)\right) \tag{B.24}$$

である．ただし $l_k(\mathbf{W}) = -y_k \log f_{\mathbf{W}}(\boldsymbol{x}_k) - (1 - y_k) \log\left(1 - f_{\mathbf{W}}(\boldsymbol{x}_k)\right)$ とおいた．ここで $\frac{\partial l_k(\mathbf{W})}{\partial u_{L+1,1}(\boldsymbol{x}_k)}$ を計算すると

$$\begin{aligned}
\frac{\partial l_k(\mathbf{W})}{\partial u_{L+1,1}(\boldsymbol{x}_k)} &= \frac{\partial l_k(\mathbf{W})}{\partial f_{\mathbf{W}}(\boldsymbol{x}_k)} \frac{\partial f_{\mathbf{W}}(\boldsymbol{x}_k)}{\partial u_{L+1,1}(\boldsymbol{x}_k)} \\
&= \left(-\frac{y_k}{f_{\mathbf{W}}(\boldsymbol{x}_k)} + \frac{1 - y_k}{1 - f_{\mathbf{W}}(\boldsymbol{x}_k)}\right) f_{\mathbf{W}}(\boldsymbol{x}_k)(1 - f_{\mathbf{W}}(\boldsymbol{x}_k)) \\
&= -y_k + f_{\mathbf{W}}(\boldsymbol{x}_k)
\end{aligned} \tag{B.25}$$

となり，とても簡単になる．したがって回帰の場合の式 (B.3) と同様に計算すると

$$\begin{aligned}
\frac{\partial l(\mathbf{W})}{\partial w_{lij}} &= \sum_{k=1}^{n} \frac{\partial l_k(\mathbf{W})}{\partial w_{lij}} = \sum_{k=1}^{n} \frac{\partial l_k(\mathbf{W})}{\partial f_{\mathbf{W}}(\boldsymbol{x}_k)} \frac{\partial f_{\mathbf{W}}(\boldsymbol{x}_k)}{\partial u_{L+1,1}(\boldsymbol{x}_k)} \frac{\partial u_{L+1,1}(\boldsymbol{x}_k)}{\partial w_{lij}} \\
&= -\sum_{k=1}^{n} (y_k - f_{\mathbf{W}}(\boldsymbol{x}_k)) \frac{\partial u_{L+1,1}(\boldsymbol{x}_k)}{\partial w_{lij}}
\end{aligned} \tag{B.26}$$

であることがわかる．式 (B.19) の関係は 2 値分類の場合でも回帰の場合と全く同じなので，前述した「回帰のための勾配計算アルゴリズム」のステップ (2) の式 (B.22) を，次式に変更するだけでよい．

$$\frac{\partial l(\mathbf{W}^{(t)})}{\partial w_{lij}} = -\sum_{k=1}^{n} (y_k - f_{\mathbf{W}^{(t)}}(\boldsymbol{x}_k)) \frac{\partial u_{L+1,1}^{(t)}(\boldsymbol{x}_k)}{\partial w_{lij}} \tag{B.27}$$

このように，2 値分類の勾配計算は驚くほど回帰の場合と似ていることがわかる．

さて，次に目的変数である質的変数のとりうる値の数 q が 2 より大きい場合，すなわち多値分類の場合について説明する．ここで，**図 5.23** のディープニューラルネットワークを参照して，全パラメータ $\mathbf{W}$ が与えられたもとで，説明変数ベクトル $\boldsymbol{x}$ に対する多値分類のディープニューラルネットワークの出力ベクトルは $\boldsymbol{f}_{\mathbf{W}}(\boldsymbol{x}) = [f_{\mathbf{W}1}(\boldsymbol{x}), f_{\mathbf{W}2}(\boldsymbol{x}), \ldots, f_{\mathbf{W}q}(\boldsymbol{x})]^\top$ である．ただし，出力層の s 番目のユニットの出力はソフトマックス関数を用いて

$$f_{\mathbf{W}s}(\boldsymbol{x}) = g_{\mathrm{Sms}}(\boldsymbol{u}_{L+1}) \tag{B.28}$$

である．ただしソフトマックス関数は

$$g_{\mathrm{Sms}}(\boldsymbol{u}_{L+1}) = \frac{\exp(u_{L+1,s})}{\exp(u_{L+1,1}) + \exp(u_{L+1,2}) + \cdots + \exp(u_{L+1,q})} \tag{B.29}$$

のように計算される．n 組のデータ $(\boldsymbol{x}_1, \boldsymbol{y}_1), (\boldsymbol{x}_2, \boldsymbol{y}_2), \ldots, (\boldsymbol{x}_n, \boldsymbol{y}_n)$ が与えられた時に，多値分類に対するディープニューラルネットワークの評価基準としては次式の交差エントロピー

$$l(\mathbf{W}) = \sum_{k=1}^{n} l_k(\mathbf{W}) = -\sum_{k=1}^{n}\sum_{s=1}^{q} y_{ks} \log f_{\mathbf{W}s}(\boldsymbol{x}_k) \tag{B.30}$$

を用いられることが多い．ただし，$l_k(\mathbf{W}) = -\sum_{s=1}^{q} y_{ks} \log f_{\mathbf{W}s}(\boldsymbol{x}_k)$ とおいた．この評価基準がなるべく小さくなるようなパラメータ $\mathbf{W}$ を勾配法により探索することになる．

式 (B.28)，(B.29) の関係において重要な点は，s 番目のユニットの出力 $f_{\mathbf{W}s}(\boldsymbol{x})$ が $u_{L+1,s}$ だけでなく，すべての $u_{L+1,r}$，$r = 1, 2, \ldots, q$ の影響を受ける点である．したがって，$f_{\mathbf{W}s}(\boldsymbol{x})$ に対する微分は，すべての $u_{L+1,r}$，$r = 1, 2, \ldots, q$ を考慮する必要がある．結果的に

$$\frac{\partial l(\mathbf{W})}{\partial w_{lij}} = \sum_{k=1}^{n} \frac{\partial l_k(\mathbf{W})}{\partial w_{lij}} = \sum_{k=1}^{n}\sum_{s=1}^{q} \frac{\partial l_k(\mathbf{W})}{\partial f_{\mathbf{W}s}(\boldsymbol{x}_k)} \frac{\partial f_{\mathbf{W}s}(\boldsymbol{x}_k)}{\partial w_{lij}}$$

$$= \sum_{k=1}^{n} \sum_{s=1}^{q} \frac{\partial l_k(\mathbf{W})}{\partial f_{\mathbf{W}s}(\boldsymbol{x}_k)} \sum_{r=1}^{q} \frac{\partial f_{\mathbf{W}s}(\boldsymbol{x}_k)}{\partial u_{L+1,r}(\boldsymbol{x}_k)} \frac{\partial u_{L+1,r}(\boldsymbol{x}_k)}{\partial w_{lij}} \tag{B.31}$$

を求めればよい．さて，式 (B.31) における $\frac{\partial u_{L+1,r}(\boldsymbol{x}_k)}{\partial w_{lij}}$ の部分については，すでに学んだ式 (B.19) の関係をそのまま利用することができ

$$\frac{\partial u_{L+1,r}}{\partial w_{lij}} = \Delta_{l,i}^{L+1,r} g_{l-1}(u_{l-1,j}) \tag{B.32}$$

が成り立つ．また式 (B.30) から

$$\frac{\partial l_k(\mathbf{W})}{\partial f_{\mathbf{W}s}(\boldsymbol{x}_k)} = -\frac{y_{ks}}{f_{\mathbf{W}s}(\boldsymbol{x}_k)} \tag{B.33}$$

と簡単になる．さて $f_{\mathbf{W}s}$ と $u_{L+1,r}$ について式 (B.28), (B.29) の関係なので，$s = r$ のときは偏微分を計算すると

$$\frac{\partial f_{\mathbf{W}s}}{\partial u_{L+1,r}} = f_{\mathbf{W}s}(1 - f_{\mathbf{W}r}) \tag{B.34}$$

が成り立ち，$s \neq r$ の時は

$$\frac{\partial f_{\mathbf{W}s}}{\partial u_{L+1,r}} = -f_{\mathbf{W}s} f_{\mathbf{W}r} \tag{B.35}$$

が成り立つ．すべての k に対して $\sum_{s=1}^{q} y_{ks} = 1$ が成り立つ点に注意して，これらの関係を式 (B.31) に代入し，インジケータ関数

$$I_s(r) = \begin{cases} 1, & r = s \\ 0, & r \neq s \end{cases} \tag{B.36}$$

を使って

$$\begin{aligned}
\frac{\partial l(\mathbf{W})}{\partial w_{lij}} &= -\sum_{k=1}^{n} \sum_{s=1}^{q} \frac{y_{ks}}{f_{\mathbf{W}s}(\boldsymbol{x}_k)} \sum_{r=1}^{q} f_{\mathbf{W}s}(\boldsymbol{x}_k) \left(I_s(r) - f_{\mathbf{W}r}(\boldsymbol{x}_k)\right) \frac{\partial u_{L+1,r}(\boldsymbol{x}_k)}{\partial w_{lij}} \\
&= -\sum_{k=1}^{n} \sum_{r=1}^{q} \sum_{s=1}^{q} y_{ks} \left(I_s(r) - f_{\mathbf{W}r}(\boldsymbol{x}_k)\right) \frac{\partial u_{L+1,r}(\boldsymbol{x}_k)}{\partial w_{lij}} \\
&= -\sum_{k=1}^{n} \sum_{r=1}^{q} \left(\sum_{s=1}^{q} y_{ks} I_s(r) - f_{\mathbf{W}r}(\boldsymbol{x}_k) \sum_{s=1}^{q} y_{ks} \right) \frac{\partial u_{L+1,r}(\boldsymbol{x}_k)}{\partial w_{lij}} \\
&= -\sum_{k=1}^{n} \sum_{r=1}^{q} \left(y_{kr} - f_{\mathbf{W}r}(\boldsymbol{x}_k)\right) \frac{\partial u_{L+1,r}(\boldsymbol{x}_k)}{\partial w_{lij}}
\end{aligned} \tag{B.37}$$

のように簡単になる．この結果を改めて回帰の式 (B.22)，および 2 値分類の式 (B.31) と見比べると，驚くほど似ていることが見てとれる．このように多値分類の場合も，回帰のための勾配計算アルゴリズムとほぼ同様に勾配を計算することができ，勾配法によって最適化を行うことが可能である．

参考文献

[1] C. M. ビショップ（著），元田浩ほか（監訳）パターン認識と機械学習（上，下），丸善出版，2012.

[2] 小西貞則，多変量解析入門—線形から非線形へ—，岩波書店，2010.

[3] 佐武一郎，線形代数学（新装版），裳華房，2015.

[4] 佐和隆光，回帰分析（新装版），朝倉書店，2020.

[5] 竹村彰通，現代数理統計学（新装改訂版），学術図書出版社，2020.

[6] 久保川達也，現代数理統計学の基礎，共立出版，2017.

[7] P. D. ホフ（著），入江薫ほか（訳）標準ベイズ統計学，朝倉書店，2022.

[8] G. ジェームズ，D. ウィッテン，T. ヘイスティ，R. ティブシラニ（著），落海浩ほか（訳）R による統計的学習入門，朝倉書店，2018.

データ科学の活用例と本書との対応

本表は，実社会でのデータ科学活用例として想定される目的や問題設定の具体例を表示し，本テキスト内で用いている用語との対応およびその内容を解説している箇所を示したものである．

<table>
<tr><th>意思決定写像の入力</th><th>データ科学における分析の目的</th><th>意思決定写像の出力</th><th>評価基準</th></tr>
<tr><td rowspan="2">量的×量的の
多変数データ</td><td rowspan="2">特徴記述</td><td rowspan="2">基底関数の係数ベクトル</td><td>目的変数の値と特徴記述を行う関数の間の距離の合計値（最小化）</td></tr>
<tr><td>上記の合計値に関数のなめらかさに関する尺度（正則化項）を加えた量（最小化）</td></tr>
<tr><td rowspan="4">量的×量的の
多変数データ</td><td rowspan="2">構造推定</td><td rowspan="3">与えられたモデル集合内の
一つのモデル</td><td>一致性（BIC）</td></tr>
<tr><td>ベイズ危険関数（最小化）</td></tr>
<tr><td>間接予測のための
構造推定
（モデル選択）</td><td>予測における真のモデルとのKL ダイバージェンスを損失関数とした際の危険関数の漸近不偏最小推定量（最小化）</td></tr>
<tr><td>予測</td><td>新たな説明変数に対応した
目的変数値</td><td>2 乗誤差損失に基づくベイズ危険関数（最小化）</td></tr>
<tr><td rowspan="2">量的×量的の
多変数データ
量的×質的の
多変数データ</td><td rowspan="2">間接予測のための
構造推定
（モデル選択）</td><td rowspan="2">与えられた予測関数集合内の
一つの関数</td><td>クロスバリデーション（交差検証法）に基づく予測誤差の推定値（最小化）</td></tr>
<tr><td>データの当てはまりの良さに関する評価基準に，記述する関数に関する正則化項を加えた量（最小化）</td></tr>
</table>

あらかじめデータ分析の適用先が決まっている読者にとっては，類似の問題から自らが学ぶべき内容を探すために活用していただきたい．また，そうでない読者にとってもデータ科学の問題の具体例を知るために活用できるであろう．

	データ生成観測 メカニズムの設定	応用例	関連する統計学， 機械学習等の話題	関連ページ
	なし	・あるクラスの生徒の勉強時間と試験の点数の関係を 2 次関数で記述したい ・検査受診者 100 人分の糖尿病の進行度合いに関するデータについてコレステロール値等の検査値を多項式関数で記述したい．	重回帰分析・基底関数	28–36
			ridge 回帰·lasso 回帰·elastic net 回帰・正則化	36–40
	真のモデル，真のパラメータのもとで説明変数の関数値に正規分布に従う確率変数が加わる	・糖尿病の進行度合いと複数の検査値のデータにおいて糖尿病の進行度合いに影響を与える検査値を知りたい ・中古マンション価格とその条件（広さ・からの距離等）のデータに対して中古マンション価格に影響を与える条件を知りたい	モデル選択・BIC	51–55
	上記のメカニズムにおける真のモデル，真のパラメータに事前分布を仮定する		ベイズ統計学	56-61
	真のモデル，真のパラメータのもとで説明変数の関数値に正規分布に従う確率変数が加わる	・糖尿病の進行度合いを複数の検査値のデータから予測するために利用すべき検査値を知りたい ・中古マンション価格をその条件から予測するために，利用すべき条件を知りたい	モデル選択・AIC	65–71
	上記のメカニズムにおける真のモデル，真のパラメータに事前分布を仮定する	・生徒の勉強時間等の複数の数値を総合的に用いて試験の点数を予測したい ・広さや築年数等の中古マンションに関する情報を用いてその価格を決定したい ・複数ある植物の数値情報を用いて種子数を予測したい	ベイズ統計学	71–75
	同質性を仮定	・生徒の勉強時間と成績の関係を特徴記述した関数を用いて予測することを考える．このとき勉強時間の他に睡眠時間を取り入れる状況とどちらの予測が優れているかを知りたい ・新規患者の細胞の視覚的特徴とがんとの関係を記述した関数を用いてがんであるかを判定することを考える．このとき，視覚的特徴のどの組合せを用いると判定の性能が高まるかを知りたい	クロスバリデーション	86–91
			正則化	94–99

索　引

あ行

か行

さ行

た行

監修者

松 嶋 敏 泰
まつ しま とし やす

早稲田大学理工学術院 教授
早稲田大学データ科学センター 所長，博士（工学）

著　者

早稲田大学データ科学教育チーム

松 嶋 敏 泰（本書のはじめに，1 章，付録 A）
まつ しま とし やす

須 子 統 太
す こ とう た

早稲田大学社会科学総合学術院 准教授
早稲田大学データ科学センター 教務主任，博士（工学）

小 林　学（5 章，付録 B）
こ ばやし まなぶ

早稲田大学データ科学センター 教授，博士（工学）

野 村　亮
の むら りょう

早稲田大学データ科学センター 教授，博士（工学）

堀 井 俊 佑（2 章，3 章）
ほり い しゅん すけ

早稲田大学データ科学センター 准教授，博士（理学）

安 田 豪 毅
やす だ ごう き

早稲田大学データ科学センター 准教授，博士（工学）

中 原 悠 太（4 章）
なか はら ゆう た

早稲田大学データ科学センター 講師，博士（工学）

ライブラリ データ科学＝3
データ科学入門III
— モデルの候補が複数あるときの意思決定 —

2024年4月10日 © 初版発行

監修者 松嶋敏泰
著 者 早稲田大学 データ科学 教育チーム

発行者 森平敏孝
印刷者 篠倉奈緒美
製本者 小西恵介

発行所 株式会社 サイエンス社

〒151-0051 東京都渋谷区千駄ヶ谷1丁目3番25号
営業 ☎(03)5474-8500(代) 振替 00170-7-2387
編集 ☎(03)5474-8600(代)
FAX ☎(03)5474-8900

印刷 (株)ディグ 製本 (株)ブックアート

ISBN978-4-7819-1598-2
PRINTED IN JAPAN

サイエンス社のホームページのご案内
https://www.saiensu.co.jp
ご意見・ご要望は
rikei@saiensu.co.jp まで．